개념이
수학의
전부다

개념수다 0
초등 핵심 개념

BOOK CONCEPT

술술 읽으며 개념 잡는 수학 EASY 개념서

BOOK GRADE

WRITERS

미래엔콘텐츠연구회

No.1 Content를 개발하는 교육 전문 콘텐츠 연구회

COPYRIGHT

인쇄일 2022년 11월 1일(1판1쇄)
발행일 2022년 11월 1일

펴낸이 신광수
펴낸곳 ㈜미래엔
등록번호 제16-67호

교육개발1실장 하남규
개발책임 주석호
개발 김지현, 박혜령, 조성민

콘텐츠서비스실장 김효정
콘텐츠서비스책임 이승연

디자인실장 손현지
디자인책임 김기욱
디자인 권욱훈, 신수정, 유성아

CS본부장 강윤구
CS지원책임 강승훈

ISBN 979-11-6841-305-4

술술 읽으며 개념 잡는

개념 수다

0

초등 핵심 개념

이 책의 사용법과 특장

개념수다 0_초등 핵심 개념

초등학교 3~6학년에서 학습하는

수학 개념 중 중학교 이후부터

반드시 필요한 핵심 개념만으로

구성된 개념서입니다.

0 준비해 보자

단원을 시작하기 전에 이전에 학습한 개념을
재미있게 점검할 수 있습니다.

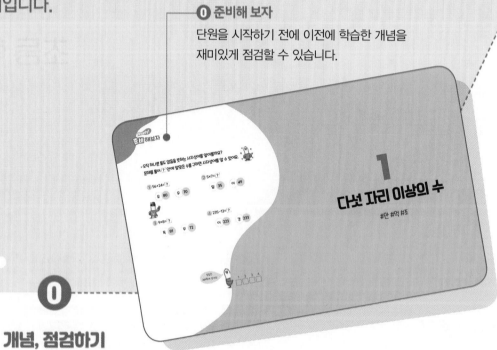

0

개념, 점검하기

덧셈을 모르고 곱셈을 알 수는 없어요.
이전 개념을 점검하는 것부터 시작하세요!

① 개념, 이해하기

2쪽으로 단순하게 풀어낸 설명을 찬찬히 읽으며
자연스럽게 이해해 보세요.
이해한 후에는 비주얼 코너로 핵심만 쏙쏙
확인할 수 있을 거예요.

② 개념, 확인&정리하기

개념을 잘 이해했는지 문제를 풀어 보며
부족한 부분을 보완해 보세요. 개념 공부가 끝났으면
개념 전체의 흐름을 한 번에 정리해 보세요.

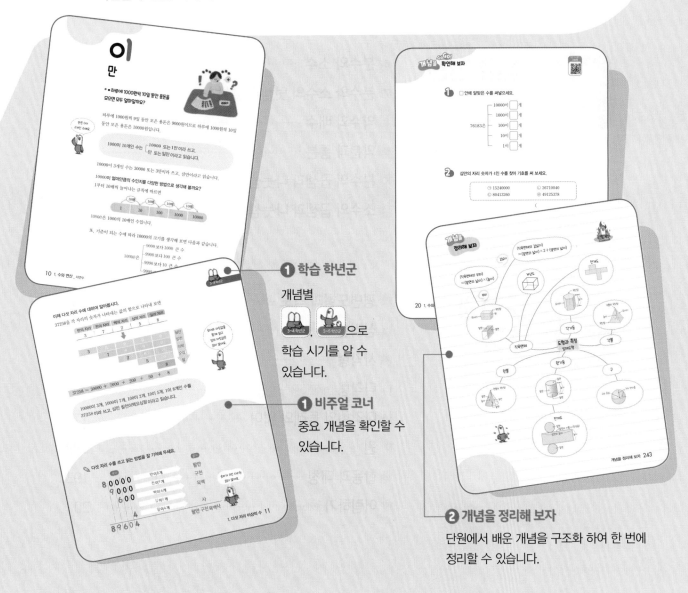

① 학습 학년군
개념별
🎒 , 🎒 으로
학습 시기를 알 수
있습니다.

① 비주얼 코너
중요 개념을 확인할 수
있습니다.

② 개념을 정리해 보자
단원에서 배운 개념을 구조화 하여 한 번에
정리할 수 있습니다.

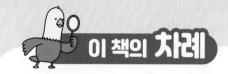
이 책의 차례

수와 연산

자연수

준비해 보자

✔ 오직 하나뿐 둘도 없음을 뜻하는 사자성어를 알아볼까요?

문제를 풀어 ? 안에 알맞은 수를 구하면 사자성어를 알 수 있어요.

1 56+24= ?

유 80   우 70

2 5×7= ?

일 35   이 49

3 9×8= ?

독 81   무 72

4 235−12= ?

이 223   경 233

정답은 289쪽에 있어요.

1	2	3	4

1

다섯 자리 이상의 수

#만 #억 #조

이

만

●● 하루에 1000원씩 10일 동안 용돈을 모으면 모두 얼마일까요?

하루에 1000원씩 9일 동안 모은 용돈은 9000원이므로 하루에 1000원씩 10일 동안 모은 용돈은 10000원입니다.

만은 0이 4개인 수예요.

1000이 10개인 수는
- **10000 또는 1만이라 쓰고,**
- **만 또는 일만이라고 읽습니다.**

10000이 3개인 수는 30000 또는 3만이라 쓰고, 삼만이라고 읽습니다.

10000이 얼마만큼의 수인지를 다양한 방법으로 생각해 볼까요?

1부터 10배씩 늘어나는 규칙에 따르면

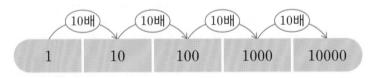

| 10배 | 10배 | 10배 | 10배 |

| 1 | 10 | 100 | 1000 | 10000 |

10000은 1000의 10배인 수입니다.

또, 기준이 되는 수에 따라 10000의 크기를 생각해 보면 다음과 같습니다.

10000은
- 9000보다 1000 큰 수
- 9900보다 100 큰 수
- 9990보다 10 큰 수
- 9999보다 1 큰 수

이제 다섯 자리 수에 대하여 알아봅시다.

37258을 각 자리의 숫자가 나타내는 값의 합으로 나타내 보면

만의 자리	천의 자리	백의 자리	십의 자리	일의 자리
3	7	2	5	8

3	0	0	0	0	삼만
	7	0	0	0	칠천
		2	0	0	이백
			5	0	오십
				8	팔

$$37258 = 30000 + 7000 + 200 + 50 + 8$$

숫자와 자릿값을 함께 읽고 일의 자릿값은 읽지 않아요.

10000이 3개, 1000이 7개, 100이 2개, 10이 5개, 1이 8개인 수를 37258이라 쓰고, 삼만 칠천이백오십팔이라고 읽습니다.

✏️ 다섯 자리 수를 쓰고 읽는 방법을 잘 기억해 두세요.

쓰기		읽기
8 0 0 0 0	만이 8개	팔만
9 0 0 0	천이 9개	구천
6 0 0	백이 6개	육백
	십이 0개	
4	일이 4개	사
8 9 6 0 4		팔만 구천육백사

숫자가 0인 자리는 읽지 않아요.

02
십만, 백만, 천만

●● 어느 해에 전국에서 기르고 있는
돼지가 11470000마리라고 합니다.
11470000을 어떻게 읽을까요? 그리고
얼마만큼의 수일까요?

먼저 10000이 10개, 100개, 1000개인 수는 어떻게 쓰고 읽는지 알아봅시다.

10000이 10개인 수는

　　　100000 또는 10만이라 쓰고, 십만이라고 읽습니다.

10000이 100개인 수는

　　　1000000 또는 100만이라 쓰고, 백만이라고 읽습니다.

10000이 1000개인 수는

　　　10000000 또는 1000만이라 쓰고, 천만이라고 읽습니다.

만, 십만, 백만, 천만 사이의 관계를 생각해 보면 다음과 같습니다.

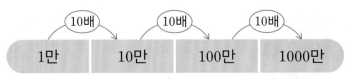

자리의 숫자가
1일 때에는 숫자는
읽지 않고 자릿값만
읽으면 돼요.

10000이 1147개이면
　　┌ 11470000 또는 1147만이라 쓰고,
　　└ 천백사십칠만이라고 읽습니다.

그럼, 8372만은 얼마만큼의 수일까요?

83720000을 각 자리의 숫자가 나타내는 값의 합으로 나타내 보면

8	3	7	2	0	0	0	0
천	백	십	일	천	백	십	일
			만				일

8	0	0	0	0	0	0	0
	3	0	0	0	0	0	0
		7	0	0	0	0	0
			2	0	0	0	0

➡ 8372|0000 = 8000|0000 + 300|0000 + 70|0000 + 2|0000
팔천삼백칠십이만   8000만   300만   70만   2만

> 8372만은 1000만이 8개, 100만이 3개, 10만이 7개, 1만이 2개인
> 수입니다.

✏️ **십만, 백만, 천만을 쓰고 읽는 방법을 잘 기억해 두세요.**

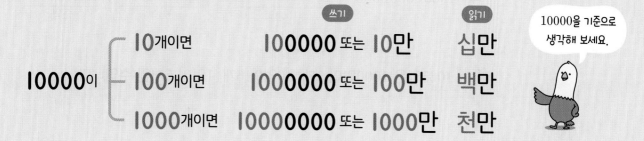

		쓰기	읽기
10000이	10개이면	100000 또는 10만	십만
	100개이면	1000000 또는 100만	백만
	1000개이면	10000000 또는 1000만	천만

10000을 기준으로 생각해 보세요.

03
억, 조

•• 어느 해의 전 세계 라면 소비량은
106500000000개라고 합니다.
이 엄청 큰 수를 어떻게 읽을까요?
그리고 얼마만큼의 수일까요?

1000만이 10개인 수는

100000000 또는 **1억**이라 쓰고, **억** 또는 **일억**이라고 읽습니다.

1억은 0이
8개인 수예요.

1억이 1065개이면 ┌ 106500000000 또는 **1065억**이라 쓰고,
└ **천육십오억**이라고 읽습니다.

그럼, 1065억은 얼마만큼의 수일까요?

106500000000을 각 자리의 숫자가 나타내는 값의 합으로 나타내 보면

1	0	6	5	0	0	0	0	0	0	0	0
천	백	십	일	천	백	십	일	천	백	십	일
			억				만				일

➡ 1065⎮0000⎮0000 = 1000⎮0000⎮0000 + 60⎮0000⎮0000 + 5⎮0000⎮0000
                         1000억   60억   5억

1065억은 1000억이 1개, 10억이 6개, 1억이 5개인 수입니다.

이제 억보다 더 큰 수를 나타내는 단위를 알아볼까요?

1000억이 10개인 수는

1000000000000 또는 1조라 쓰고, 조 또는 일조라고 읽습니다.

1조는 0이 12개인 수예요.

1조가 2163개이면 ─ 2163000000000000 또는 2163조라 쓰고, 이천백육십삼조라고 읽습니다.

그럼, 2163조는 얼마만큼의 수일까요?

2163000000000000를 각 자리의 숫자가 나타내는 값의 합으로 나타내 보면

2	1	6	3	0	0	0	0	0	0	0	0	0	0	0	0
천	백	십	일	천	백	십	일	천	백	십	일	천	백	십	일

조 억 만 일

➡ 2163 0000 0000 0000 = 2000 0000 0000 0000 + 100 0000 0000 0000
　　　　　　　　　　　　　　　　2000조　　　　　　　　　100조
　　　　　　　　　　+ 60 0000 0000 0000 + 3 0000 0000 0000
　　　　　　　　　　　　　60조　　　　　　　　3조

2163조는 1000조가 2개, 100조가 1개, 10조가 6개, 1조가 3개인 수입니다.

✏️ 일, 만, 억, 조 사이의 관계를 잘 기억해 두세요.

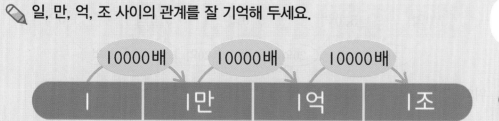

0이 4개씩 늘어나요.

04
뛰어 세기

●● 4월 현재 130000원이 들어 있는 통장에 5월부터 8월까지 4개월 동안 매달 10000원씩 저금하려고 합니다. 저금한 후 8월에는 모두 얼마가 될까요?

130000원이 들어 있는 통장에 매달 10000원씩 저금하면

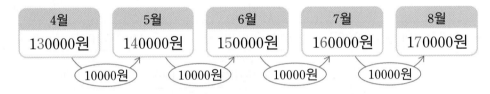

위와 같이 만의 자리 수가 1씩 커져서 8월에는 170000원이 됩니다.

이번에는 좀 더 큰 수의 뛰어 세기를 해 볼까요?

1925조를 100조씩 뛰어 세면

★ 변하는 자리 수가 9이면 다음 윗자리 수인 왼쪽의 수를 1 크게 하고 그 자리 수는 0이 돼요.

| 1925조 | ★ 2025조 | 2125조 | 2225조 | 2325조 |

100조 100조 100조 100조

위와 같이 백조의 자리 수가 1씩 커집니다.

또, 510억을 20억씩 뛰어 세면

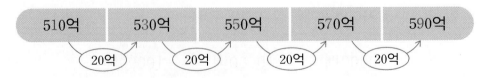

위와 같이 십억의 자리 수가 2씩 커집니다.

반대로, 아래의 수들은 몇씩 뛰어 세었는지 알아볼까요?

뛰어 센 수에서 어느 자리 수가 얼마씩 변하고 있는지 알면 몇씩 뛰어 세었는지 알 수 있습니다.

7349000	7449000	7549000	7649000	7749000

십만의 자리 수가 1씩 커집니다.

➡ 십만의 자리 수가 1씩 커지므로 **100000 (또는 10만)**씩 뛰어 세었습니다.

1604조	3604조	5604조	7604조	9604조

천조의 자리 수가 2씩 커집니다.

➡ 천조의 자리 수가 2씩 커지므로 **2000조**씩 뛰어 세었습니다.

✎ 뛰어 세기한 수의 특징을 잘 기억해 두세요.

백만	십만	만	천	백	십	일
7	3	4	9	0	0	0
7	4	4	9	0	0	0
7	5	4	9	0	0	0
7	6	4	9	0	0	0
7	7	4	9	0	0	0

↑ 십만의 자리 수를 제외한 나머지 자리 수는 그대로! ↑

십만의 자리 수가 1씩 커지므로 10만씩 뛰어 세었어요.

O5
수의 크기 비교

●● 지구에서 수성, 목성, 화성까지의 거리는 오른쪽 표와 같습니다. 수의 크기를 비교하면 수성, 목성, 화성 중에서 어떤 행성이 지구에 가장 가까운지 알 수 있습니다.

행성	거리(km)
수성	91700000
목성	628320000
화성	77790000

91700000과 628320000의 크기를 비교해 볼까요?

억	천만	백만	십만	만	천	백	십	일
	9	1	7	0	0	0	0	0
6	2	8	3	2	0	0	0	0

두 수의 자리 수가 같은지 다른지를 먼저 비교해요.

천만 단위의 수와 억 단위의 수인 두 수의 자리 수가 다르기 때문에 자리 수가 많은 수가 더 큰 수입니다. 즉,

$$91700000 \quad < \quad 628320000$$

이므로 수성과 목성 중에서 지구에 더 가까운 행성은 수성입니다.

91700000과 77790000의 크기를 비교해 볼까요?

천만	백만	십만	만	천	백	십	일
9	1	7	0	0	0	0	0
7	7	7	9	0	0	0	0

두 수의 자리 수가 같기 때문에 가장 높은 자리의 수부터 차례로 비교합니다. 이때 가장 높은 자리인 천만의 자리 수를 비교했을 때 9가 7보다 크기 때문에 91700000이 77790000보다 더 큰 수입니다. 즉,

$$91700000 \quad > \quad 77790000 \qquad \cdots\cdots ★$$

이므로 수성과 화성 중에서 지구에 더 가까운 행성은 화성입니다.

따라서 수성, 목성, 화성 중에서 지구에 가장 가까운 행성은 화성입니다.

위와 같이 두 수끼리의 크기를 비교하여 세 수의 크기를 비교할 수 있지만,
세 수의 크기를 동시에 비교할 수도 있습니다.

❶ 먼저 세 수의 자리 수가 같은지 다른지 비교합니다.

수성, 화성까지의 거리는 여덟 자리 수, 목성까지의 거리는 아홉 자리 수이
므로 수성, 화성까지의 거리가 목성까지의 거리보다 더 가깝습니다.

❷ 자리 수가 같은 경우 가장 높은 자리의 수부터 차례로 비교합니다.

수성, 화성까지의 거리를 비교할 때에는 앞의 ★과 같은 방법으로 비교합
니다.

따라서 77790000 < 91700000 < 628320000임을 알 수 있으므로 수성,
목성, 화성 중에서 지구에 가장 가까운 행성은 화성입니다.

✎ **두 수의 크기를 비교하는 방법을 잘 기억해 두세요.**

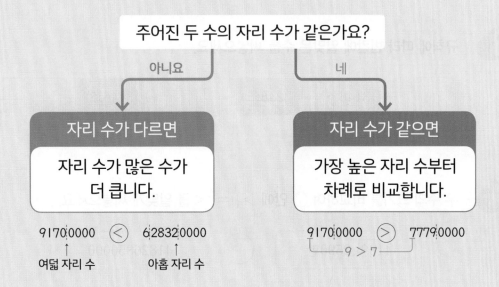

1 ☐ 안에 알맞은 수를 써넣으세요.

76183은
- 10000이 ☐ 개
- 1000이 ☐ 개
- 100이 ☐ 개
- 10이 ☐ 개
- 1이 ☐ 개

2 십만의 자리 숫자가 4인 수를 찾아 기호를 써 보세요.

ㄱ 15240000　　ㄴ 26710040
ㄷ 80413260　　ㄹ 49125378

(　　　　　　　　　)

3 규칙에 따라 빈칸에 알맞은 수를 써넣으세요.

☐ — 3146조 — 3246조 — ☐ — 3446조 — ☐

4 두 수의 크기를 비교하여 ○ 안에 >, =, <를 알맞게 써넣으세요.

418억 2590만　　○　　41826850000

2

세 자리 수의 덧셈과 뺄셈

#덧셈 #받아올림 #뺄셈 #받아내림

06
덧셈

•• 수아네 학교의 남학생은 326명이고, 여학생은 298명입니다. 수아네 학교의 전체 학생은 모두 몇 명일까요?

수아네 학교의 전체 학생 수를 구하는 식은 326＋298입니다.
326＋298을 세로로 계산하는 방법을 살펴봅시다.

같은 자리끼리의 합이 10이거나 10보다 크면 바로 윗자리에 1을 받아올림해요.

일의 자리 계산

```
      1
    3 2 6
  + 2 9 8
  ───────
        4
```
6＋8=14

십의 자리 계산

```
    1 1
    3 2 6
  + 2 9 8
  ───────
      2 4
```
1＋2＋9=12

백의 자리 계산

```
    1 1
    3 2 6
  + 2 9 8
  ───────
    6 2 4
```
1＋3＋2=6

6＋8=14이므로 일의 자리에는 4를 쓰고, 십의 자리에 1을 받아올림합니다.

1＋2＋9=12이므로 십의 자리에는 2를 쓰고, 백의 자리에 1을 받아올림합니다.

1＋3＋2=6이므로 백의 자리에 6을 씁니다.

따라서 수아네 학교의 전체 학생 수는 326＋298=624(명)입니다.

> 세 자리 수의 덧셈을 세로로 계산할 때에는 각 자리 수를 맞추어 쓰고, 일의 자리 ➡ 십의 자리 ➡ 백의 자리 순서로 같은 자리끼리 더합니다. 이때 각 자리의 합이 두 자리 수가 되면 윗자리 계산에 1을 더합니다.

세 자리 수 덧셈의 계산 방법을 잘 기억해 두세요.

❶ 받아올림이 없는 경우

$$\begin{array}{r} 5\ 2\ 6 \\ +\ 3\ 4\ 1 \\ \hline 8\ 6\ 7 \end{array}$$

❷ 받아올림이 한 번 있는 경우

$$\begin{array}{r} {\scriptstyle 1}\ \ \ \\ 1\ 6\ 9 \\ +\ 3\ 7\ 0 \\ \hline 5\ 3\ 9 \end{array}$$

6+7=13에서
1은 백의 자리에 받아올림합니다.

❸ 받아올림이 두 번 있는 경우

6+8=14에서
1은 십의 자리에 받아올림합니다.

$$\begin{array}{r} {\scriptstyle 1}\ {\scriptstyle 1}\ \\ 3\ 2\ 6 \\ +\ 2\ 9\ 8 \\ \hline 6\ 2\ 4 \end{array}$$

1+2+9=12에서
1은 백의 자리에 받아올림합니다.

❹ 받아올림이 세 번 있는 경우

$$\begin{array}{r} {\scriptstyle 1}\ {\scriptstyle 1}\ \\ 8\ 7\ 5 \\ +\ 3\ 5\ 9 \\ \hline 1\ 2\ 3\ 4 \end{array}$$

1+8+3=12에서
1은 천의 자리에 씁니다.

07
뺄셈

●● 딸기 농장에서 딸기 428개를 땄습니다.
그중에서 279개를 딸기 주스를 만드는 데
사용했다면 남은 딸기는 몇 개일까요?

남은 딸기의 수를 구하는 식은 $428-279$입니다.
$428-279$를 세로로 계산하는 방법을 살펴봅시다.

같은 자리끼리
뺄 수 없을 때에는
받아내림해요.

일의 자리 계산	십의 자리 계산	백의 자리 계산

일의 자리 계산

```
        1  10
    4   2   8
 -  2   7   9
            9
```
$10+8-9=9$

8−9를 계산할 수 없으므로 십의 자리의 2를 지우고 1로 표시한 후, 일의 자리에 10을 받아내림합니다.

십의 자리 계산

```
    3  11  10
    4   2   8
 -  2   7   9
        4   9
```
$11-7=4$

1−7을 계산할 수 없으므로 백의 자리의 4를 지우고 3으로 표시한 후, 십의 자리에 10을 받아내림합니다.

백의 자리 계산

```
    3  11  10
    4   2   8
 -  2   7   9
    1   4   9
```
$3-2=1$

3−2=1이므로 백의 자리에 1을 씁니다.

따라서 남은 딸기의 수는 $428-279=149$(개)입니다.

> 세 자리 수의 뺄셈을 세로로 계산할 때에는 각 자리 수를 맞추어 쓰고, 일의 자리 ➡ 십의 자리 ➡ 백의 자리 순서로 같은 자리끼리 뺍니다. 이때 각 자리끼리 뺄 수 없을 때에는 윗자리의 1을 10으로 바꾸어 받아내림하여 계산합니다.

✎ 세 자리 수 뺄셈의 계산 방법을 잘 기억해 두세요.

❶ 받아내림이 없는 경우

$$
\begin{array}{r}
4\ 8\ 7 \\
-\ 1\ 6\ 0 \\
\hline
3\ 2\ 7
\end{array}
$$

❷ 받아내림이 한 번 있는 경우(1)

$$
\begin{array}{r}
{}^{8}\ {}^{10} \\
7\ \cancel{9}\ 0 \\
-\ 1\ 5\ 6 \\
\hline
6\ 3\ 4
\end{array}
$$

0−6을 계산할 수 없으므로
십의 자리에서 10을 받아내림합니다.

❸ 받아내림이 한 번 있는 경우(2)

$$
\begin{array}{r}
{}^{7}\ {}^{10} \\
\cancel{8}\ 2\ 5 \\
-\ 4\ 9\ 1 \\
\hline
3\ 3\ 4
\end{array}
$$

2−9를 계산할 수 없으므로
백의 자리에서 10을 받아내림합니다.

❹ 받아내림이 두 번 있는 경우

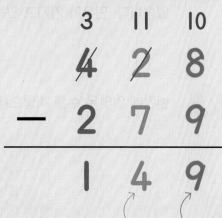

$$
\begin{array}{r}
{}^{3}\ {}^{11}\ {}^{10} \\
\cancel{4}\ \cancel{2}\ 8 \\
-\ 2\ 7\ 9 \\
\hline
1\ 4\ 9
\end{array}
$$

1−7을 계산할 수 없으
므로 백의 자리에서 10을
받아내림합니다.

8−9를 계산할 수 없으
므로 십의 자리에서 10을
받아내림합니다.

확인해 보자

정답 및 풀이
289쪽

1 계산 결과를 찾아 이어 보세요.

$502+153$ •

$228+426$ •

• 654

• 655

• 656

2 가장 큰 수와 가장 작은 수의 합을 구해 보세요.

| 158 | 790 | 362 |

(   )

3 선우는 바둑돌을 267개 가지고 있고, 민우는 선우보다 184개 더 많이 가지고 있습니다. 민우가 가지고 있는 바둑돌은 몇 개일까요?

(   )개

4 빈칸에 알맞은 수를 써넣으세요.

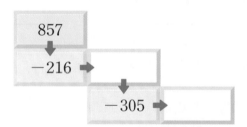

857
→ -216 →

→ -305 →

5 울산역에서 출발하는 기차에 465명이 타고 있었습니다. 다음 역에서 196명 이 내리고 새로 탄 사람은 없습니다. 기차에 타고 있는 사람은 몇 명일까요?

(   )명

3

곱셈

#곱하기 #올림 #같은 수 더하기

08
(두 자리 수) × (한 자리 수)

●● 주말농장에서 수확한 감자를 한 자루에
35개씩 담아서 7자루를 만들었습니다. 자루에
담은 감자는 모두 몇 개일까요?

자루에 담은 감자의 수를 구하는 식은 35 × 7입니다.

35 × 7을 세로로 계산하는 방법을 살펴봅시다.

$5 \times 7 = 35$

일의 자리 수 5와 7의 곱, 즉
$5 \times 7 = 35$에서 3은 십의 자리로
올림하고, 5는 일의 자리에 씁니다.

$3 \times 7 = 21$
→ $21 + 3 = 24$

십의 자리 수 3과 7의 곱, 즉
$3 \times 7 = 21$에 올림한 3을 더하여
24를 백의 자리와 십의 자리에
씁니다.

십의 자리에서
올림한 수는 백의 자리에
써요.

따라서 자루에 담은 감자의 수는 $35 \times 7 = 245$(개)입니다.

> (두 자리 수)×(한 자리 수)를 세로로 계산할 때에는 각 자리 수를
> 맞추어 쓰고, 곱하는 수를 곱해지는 수의 일의 자리 수부터 각 자
> 리 수와 차례대로 곱합니다. 이때 계산한 값을 자릿값에 주의하여
> 정확한 위치에 쓰고, 각 자리의 곱이 10이거나 10보다 크면 올림
> 한 수를 바로 윗자리 숫자 위에 작게 쓴 후, 윗자리 곱에 더합니다.

✎ (두 자리 수)×(한 자리 수)의 계산 방법을 잘 기억해 두세요.

❶ 올림이 없는 경우

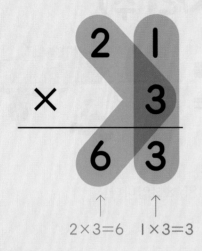

$2 \times 3 = 6$ 　$1 \times 3 = 3$

❷ 십의 자리에서 올림이 있는 경우

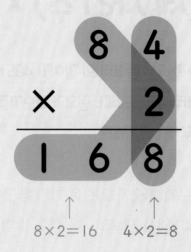

$8 \times 2 = 16$ 　$4 \times 2 = 8$

❸ 일의 자리에서 올림이 있는 경우

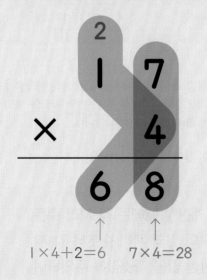

$1 \times 4 + 2 = 6$ 　$7 \times 4 = 28$

❹ 십, 일의 자리에서 올림이 있는 경우

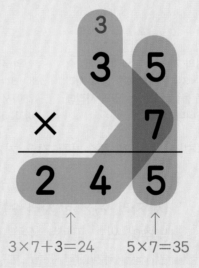

$3 \times 7 + 3 = 24$ 　$5 \times 7 = 35$

O9
(세 자리 수) × (한 자리 수)

●● 현우는 한 바퀴의 길이가 485 m인 호숫가를 3바퀴 걸었습니다. 현우가 호숫가를 걸은 거리는 모두 몇 m일까요?

현우가 호숫가를 걸은 거리를 구하는 식은 485 × 3입니다.

485 × 3을 세로로 계산하는 방법을 살펴봅시다.

올림한 수는 올림한 자리 계산에 더해요.

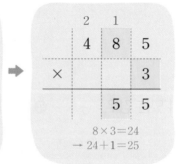

		1	
	4	8	5
×			3
			5

$5 \times 3 = 15$

	2	1	
	4	8	5
×			3
		5	5

$8 \times 3 = 24$
→ $24 + 1 = 25$

	2	1	
	4	8	5
×			3
1	4	5	5

$4 \times 3 = 12$
→ $12 + 2 = 14$

일의 자리 수 5와 3의 곱, 즉 $5 \times 3 = 15$에서 1은 십의 자리로 올림하고, 5는 일의 자리에 씁니다.

십의 자리 수 8과 3의 곱, 즉 $8 \times 3 = 24$에 올림한 1을 더한 25에서 2는 백의 자리로 올림하고, 5는 십의 자리에 씁니다.

백의 자리 수 4와 3의 곱, 즉 $4 \times 3 = 12$에 올림한 2를 더하여 14를 천의 자리와 백의 자리에 씁니다.

따라서 현우가 호숫가를 걸은 거리는 $485 \times 3 = 1455$ (m)입니다.

> (세 자리 수) × (한 자리 수)를 세로로 계산할 때에는 각 자리 수를 맞추어 쓰고, 곱하는 수를 곱해지는 수의 일의 자리 수부터 각 자리 수와 차례대로 곱합니다. 이때 계산한 값을 자릿값에 주의하여 정확한 위치에 쓰고, 올림이 있을 때에는 올림한 수를 윗자리 곱에 더합니다.

✎ (세 자리 수)×(한 자리 수)의 계산 방법을 잘 기억해 두세요.

❶ 올림이 없는 경우

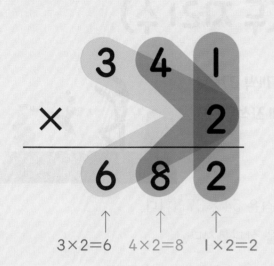

$3×2=6$ $4×2=8$ $1×2=2$

❷ 올림이 한 번 있는 경우

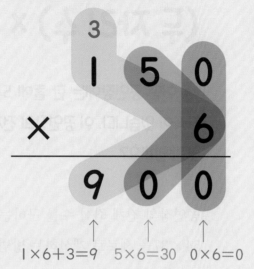

$1×6+3=9$ $5×6=30$ $0×6=0$

❸ 올림이 두 번 있는 경우

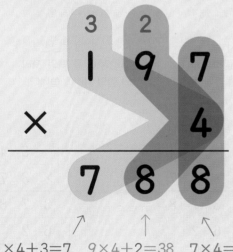

$1×4+3=7$ $9×4+2=38$ $7×4=28$

❹ 올림이 세 번 있는 경우

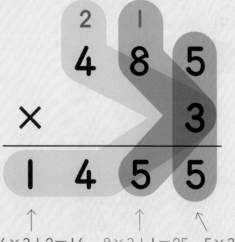

$4×3+2=14$ $8×3+1=25$ $5×3=15$

3. 곱셈 **31**

10

(두 자리 수) × (두 자리 수)

●● 어떤 공연장에는 한 줄에 54개씩 37줄로 좌석이 있습니다. 이 공연장의 전체 좌석은 모두 몇 개일까요?

공연장의 전체 좌석 수를 구하는 식은 54×37입니다.

54×37을 세로로 계산하는 방법을 살펴봅시다.

각 자리의 계산이 두 자리 수이면 올림해요.

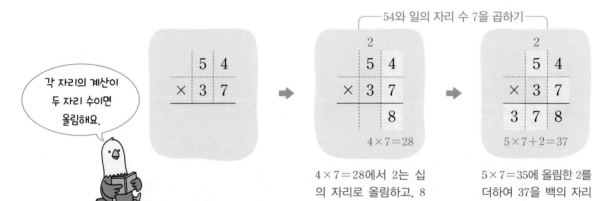

┌─── 54와 일의 자리 수 7을 곱하기 ───┐

$4 \times 7 = 28$

$5 \times 7 + 2 = 37$

$4 \times 7 = 28$에서 2는 십의 자리로 올림하고, 8은 일의 자리에 씁니다.

$5 \times 7 = 35$에 올림한 2를 더하여 37을 백의 자리와 십의 자리에 씁니다.

┌─── 54와 십의 자리 수 3을 곱하기 ───┐

$4 \times 3 = 12$

$5 \times 3 + 1 = 16$

$4 \times 3 = 12$에서 1은 백의 자리로 올림하고, 2는 십의 자리에 씁니다.

$5 \times 3 = 15$에 올림한 1을 더하여 16을 천의 자리와 백의 자리에 씁니다.

두 계산 결과를 자리에 맞추어 더하여 1998을 씁니다.

따라서 공연장의 전체 좌석 수는 $54 \times 37 = 1998$(개)입니다.

(두 자리 수)×(두 자리 수)를 세로로 계산할 때에는 각 자리 수를 맞추어 쓰고, 곱하는 두 자리 수를 일의 자리 수와 십의 자리 수로 나누어 각각 계산한 후 두 곱셈의 계산 결과를 더합니다.
이때 계산한 값을 자릿값에 주의하여 정확한 위치에 쓰고, 올림이 있을 때에는 올림한 수를 윗자리 곱에 더합니다.

✏️ (두 자리 수)×(두 자리 수)의 계산 방법을 잘 기억해 두세요.

❶ 올림이 없는 경우

```
      1  2
  ×   3  1
  ─────────
      1  2
   3  6
  ─────────
   3  7  2
```

❷ 올림이 있는 경우

```
          1  2
          5  4
  ×       3  7
  ───────────
       3  7  8
   1  6  2
  ───────────
   1  9  9  8
```

11
(세 자리 수) × (두 자리 수)

●● 1년은 365일이고, 하루는 24시간입니다.
1년은 몇 시간일까요?

1년의 시간을 구하는 식은 365×24입니다.
365×24를 세로로 계산하는 방법을 살펴봅시다.

┌── 365와 일의 자리 수 4를 곱하기 ──┐

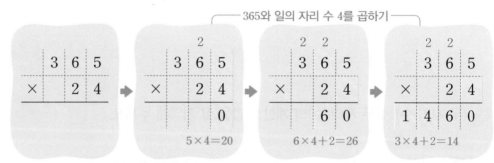

$5 \times 4 = 20$에서 2는 십의 자리로 올림하고, 0은 일의 자리에 씁니다.

$6 \times 4 = 24$에 올림한 2를 더하여 2는 백의 자리로 올림하고, 6은 십의 자리에 씁니다.

$3 \times 4 = 12$에 올림한 2를 더하여 14를 천의 자리와 백의 자리에 씁니다.

┌── 365와 십의 자리 수 2를 곱하기 ──┐

십의 자리 수를 곱할 때 계산 결과를 자리에 맞추어 써야 해요.

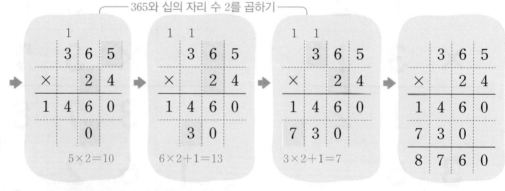

$5 \times 2 = 10$에서 1은 백의 자리로 올림하고, 0은 십의 자리에 씁니다.

$6 \times 2 = 12$에 올림한 1을 더하여 1은 천의 자리로 올림하고, 3은 백의 자리에 씁니다.

$3 \times 2 = 6$에 올림한 1을 더하여 7을 천의 자리에 씁니다.

두 계산 결과를 자리에 맞추어 더하여 8760을 씁니다.

따라서 1년은 $365 \times 24 = 8760$(시간)입니다.

(세 자리 수)×(두 자리 수)를 세로로 계산할 때에는 각 자리 수를 맞추어 쓰고, 곱하는 두 자리 수를 일의 자리 수와 십의 자리 수로 나누어 각각 계산한 후 두 곱셈의 계산 결과를 더합니다.
이때 계산한 값을 자릿값에 주의하여 정확한 위치에 쓰고, 올림이 있을 때에는 올림한 수를 윗자리 곱에 더합니다.

✎ (세 자리 수)×(두 자리 수)의 계산 방법을 잘 기억해 두세요.

❶ 올림이 없는 경우

$$
\begin{array}{r}
1\ 3\ 2 \\
\times\ \ \ 3\ 2 \\
\hline
2\ 6\ 4 \\
3\ 9\ 6\ \ \ \\
\hline
4\ 2\ 2\ 4
\end{array}
$$

❷ 올림이 있는 경우

$$
\begin{array}{r}
1\ \ \ 1\ \ \ \ \\
2\ \ 2\ \ \ \\
3\ 6\ 5 \\
\times\ \ \ 2\ 4 \\
\hline
1\ 4\ 6\ 0 \\
7\ 3\ 0\ \ \ \\
\hline
8\ 7\ 6\ 0
\end{array}
$$

확인해 보자

정답 및 풀이
289쪽

1 빈칸에 알맞은 수를 써넣으세요.

$\times 3$ $\times 4$

29

2 계산 결과가 작은 것부터 차례대로 기호를 써 보세요.

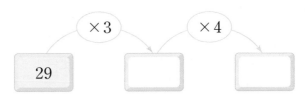

㉠ 192×7 ㉡ 265×5 ㉢ 709×2

(   )

3 가장 큰 수와 가장 작은 수의 곱을 구해 보세요.

21   16   12   28

(   )

4 잘못 계산한 곳을 찾아 바르게 계산해 보세요.

```
      2 7 3
  ×     4 8
  -----------
  2 1 8 4
  1 0 9 2
  -----------
  3 2 7 6
```

➡

바르게 계산하기

```
      2 7 3
  ×     4 8
```

5 한 자루에 $135 \, \mathrm{kg}$씩 들어 있는 콩이 27자루 있습니다. 콩은 모두 몇 kg일까요?

(   ) kg

4

나눗셈

#똑같이 #나누기 #못
#나머지 #나누어떨어진다

12

똑같이 나누기

●● 쿠키 6개를 2명이 똑같이 나누어 먹을 때 한 명이 먹을 수 있는 쿠키는 몇 개일까요?

쿠키 6개를 2명에게 1개씩 번갈아 가며 나누어 주면 한 명이 쿠키를 3개씩 먹을 수 있습니다.

즉, 6을 2로 나누면 3입니다.

6을 2로 나누는 것과 같은 계산을 **나눗셈**이라 하고, 이것을 나눗셈식으로 나타내면 6÷2=3입니다.

이때 6은 **나누어지는 수**, 2는 **나누는 수**, 3은 6을 2로 나눈 **몫**이라고 합니다.

"6 나누기 2는 3과 같습니다."라고 읽어요.

✏️ 똑같이 나누는 나눗셈을 잘 기억해 두세요.

쿠키 6개를	2명에게 나누어 주면	한 명이 3개씩
6	÷ 2	= 3
나누어지는 수	나누는 수	몫

쿠키 6개를 주머니 한 개에 2개씩 담으려면 주머니가 몇 개 필요할까요?

처음 6개에서 첫 번째 주머니에

2개를 담으면 4개가 남고,

남은 4개에서 두 번째 주머니에

2개를 담으면 2개가 남고,

남은 2개를 세 번째 주머니에 담으면 모두 담을 수 있습니다.

따라서 주머니가 3개 필요합니다. 이 과정을 뺄셈으로 나타내 보면

$$6 - 2 = 4$$
$$\downarrow$$
$$4 - 2 = 2$$
$$\downarrow$$
$$2 - 2 = 0$$

즉, 6에서 2씩 3번 빼면 0이 됩니다.

이것을 나눗셈식으로 나타내면 $6 \div 2 = 3$입니다.

$$6 - 2 - 2 - 2 = 0 \quad \Rightarrow \quad 6 \div 2 = 3$$

✏️ **묶어서 덜어 내는 나눗셈을 잘 기억해 두세요.**

쿠키
6개를

2개씩
담으면

$$6 \underline{- 2 - 2 - 2} = 0 \quad \Rightarrow \quad 6 \div 2 = 3$$

주머니 3개

13 곱셈과 나눗셈의 관계

●● 포장된 달걀 10개를 보고 곱셈과 나눗셈의 관계를 생각해 볼까요?

❶ 달걀이 2개씩 5묶음이므로 10개입니다.

[곱셈식] → $2 \times 5 = 10$

❷ 달걀 10개를 2개씩 묶으면 5묶음입니다.

[나눗셈식] → $10 \div 2 = 5$

❸ 달걀이 5개씩 2묶음이므로 10개입니다.

[곱셈식] → $5 \times 2 = 10$

❹ 달걀 10개를 5개씩 묶으면 2묶음입니다.

[나눗셈식] → $10 \div 5 = 2$

곱셈과 나눗셈의 관계는 덧셈과 뺄셈의 관계와 비슷해요.

이처럼 하나의 상황을 곱셈과 나눗셈으로 모두 나타낼 수 있으며, 곱셈과 나눗셈의 관계는 서로 반대되는 관계입니다.

$2 \times 5 = 10$
$5 \times 2 = 10$
⟶
⟵
$10 \div 2 = 5$
$10 \div 5 = 2$

이와 같은 곱셈과 나눗셈의 관계를 이해하면 곱셈식을 나눗셈식으로, 나눗셈식을 곱셈식으로 나타낼 수 있습니다.

그럼 곱셈식을 나눗셈식으로, 나눗셈식을 곱셈식으로 나타내 볼까요?

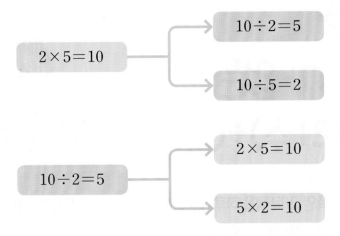

즉, 위와 같이 하나의 곱셈식은 2개의 나눗셈식으로, 하나의 나눗셈식은 2개의 곱셈식으로 나타낼 수 있습니다.

곱셈식을 나눗셈식 2개로 나타내기 ➡ ▲ × ● = ■ ⟶ ■ ÷ ▲ = ●
⟶ ■ ÷ ● = ▲

나눗셈식을 곱셈식 2개로 나타내기 ➡ ■ ÷ ▲ = ● ⟶ ▲ × ● = ■
⟶ ● × ▲ = ■

✏ 곱셈과 나눗셈의 관계를 잘 기억해 두세요.

14

나머지가 없는
(두 자리 수)÷(한 자리 수)

●● 수호가 64쪽인 과학책을 하루에 4쪽씩 읽으려고 합니다. 이 책을 모두 읽는 데 며칠이 걸리는지 어떻게 구할까요?

책을 모두 읽는 데 며칠이 걸리는지를 구하는 식은 $64 \div 4$이고, $64 \div 4 = 16$ 이므로 책을 모두 읽는 데 16일이 걸립니다. 이때 나눗셈식을 세로로 나타내는 방법은 다음과 같습니다.

$$64 \div 4 = 16$$

이제 $64 \div 4$를 세로로 계산하는 방법을 살펴볼까요?

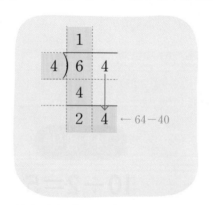

십의 자리 6을 4로 나누면 몫은 1이고, 남은 2와 일의 자리 4를 합친 24를 아래에 씁니다.

24를 4로 나누면 몫이 6입니다. $24 - 24 = 0$이므로 0을 아래에 씁니다.

✏️ 나머지가 없는 (두 자리 수)÷(한 자리 수)의 계산 방법을 잘 기억해 두세요.

❶ 내림이 없는 경우

십의 자리 9를 3으로 나눈 몫   일의 자리 6을 3으로 나눈 몫

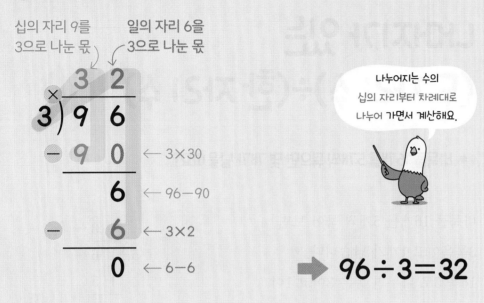

나누어지는 수의 십의 자리부터 차례대로 나누어 가면서 계산해요.

➡️ **96÷3=32**

❷ 내림이 있는 경우

십의 자리 6을 4로 나눈 몫   십의 자리에서 내림한 수 2와 일의 자리 4를 4로 나눈 몫

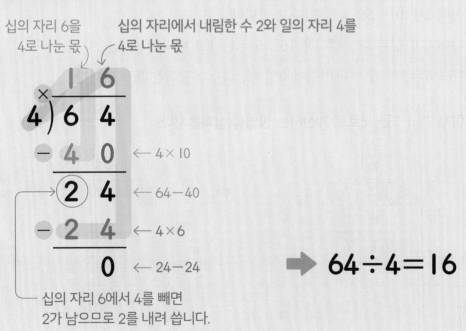

십의 자리 6에서 4를 빼면 2가 남으므로 2를 내려 씁니다.

➡️ **64÷4=16**

15

나머지가 있는
(두 자리 수)÷(한 자리 수)

●● **바둑돌 16개를 5개씩 묶으면 몇 개가 남을까요?**

바둑돌 16개를 5개씩 묶어 보면
3묶음이고 1개가 남습니다.
16을 5로 나누면 **몫**은 3이고 1이
남습니다.

이때 1을 16÷5의 **나머지**라고 합니다.

나머지가 있는 나눗셈식은 16÷5=3…1로 나타낼 수 있습니다.

15÷5=3과 같이 나머지가 0일 때, **나누어떨어진다**고 합니다.

$$
\begin{array}{r}
3 \leftarrow 몫 \\
\text{나누는 수} \rightarrow 5\,)\overline{1\ 6} \leftarrow \text{나누어지는 수} \\
1\ 5 \\
\hline
1 \leftarrow \text{나머지}
\end{array}
$$

이제 77÷3을 세로로 계산하는 방법을 살펴봅시다.

십의 자리 7을 3으로 나누면 몫은 2이
고, 남은 1과 일의 자리 7을 합친 17을
아래에 씁니다.

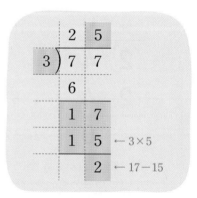

17을 3으로 나누면 몫은 5이고 2가 남
습니다.

따라서 77÷3의 몫은 25이고 나머지는 2입니다. ➡ 77÷3=25…2

✏️ 나머지가 있는 (두 자리 수)÷(한 자리 수)의 계산 방법을 잘 기억해 두세요.

❶ 내림이 없는 경우

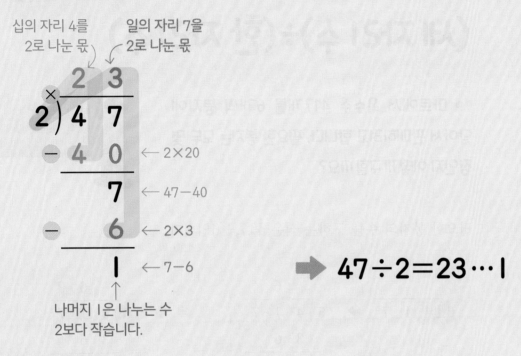

십의 자리 4를
2로 나눈 몫

일의 자리 7을
2로 나눈 몫

← 2×20
← 47−40
← 2×3
← 7−6

나머지 1은 나누는 수
2보다 작습니다.

➡️ 47÷2=23···1

❷ 내림이 있는 경우

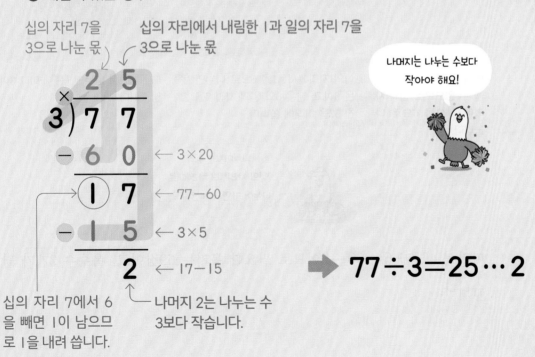

십의 자리 7을
3으로 나눈 몫

십의 자리에서 내림한 1과 일의 자리 7을
3으로 나눈 몫

← 3×20
← 77−60
← 3×5
← 17−15

나머지는 나누는 수보다
작아야 해요!

십의 자리 7에서 6
을 빼면 1이 남으므
로 1을 내려 씁니다.

나머지 2는 나누는 수
3보다 작습니다.

➡️ 77÷3=25···2

16
(세 자리 수)÷(한 자리 수)

●● 마트에서 옥수수 417개를 6개씩 봉지에 담아서 판매하려고 합니다. 필요한 봉지는 모두 몇 장인지 어떻게 구할까요?

필요한 봉지의 수를 구하는 식은 417÷6입니다.

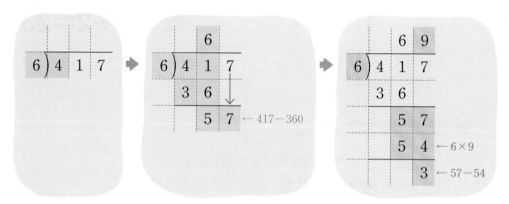

백의 자리 4를 6으로 나눌 수 없으므로 십의 자리에서 41을 6으로 나눕니다.

십의 자리에서 41을 6으로 나누면 몫은 6이고, 남은 5와 일의 자리 7을 합친 57을 아래에 씁니다.

57을 6으로 나누면 몫은 9이고 3이 남습니다.

나누어지는 수의 백의 자리부터 차례대로 나누어 가면서 계산해요.

따라서 417÷6=69…3이므로 필요한 봉지는 69장이고, 옥수수 3개가 남습니다.

✏️ (세 자리 수)÷(한 자리 수)의 계산 방법을 잘 기억해 두세요.

❶ 나머지가 없는 경우(1)

백의 자리부터 차례대로 3으로 나눕니다.

❷ 나머지가 없는 경우(2)

몫의 일의 자리에 0을 써야 합니다.

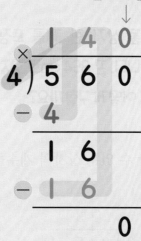

❸ 나머지가 있는 경우(1)

백의 자리 4를 6으로 나눌 수 없으므로 십의 자리에서 41을 6으로 나눕니다.

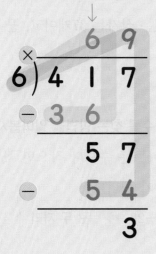

❹ 나머지가 있는 경우(2)

십의 자리 0은 5로 나눌 수 없으므로 몫의 십의 자리에 0을 씁니다.

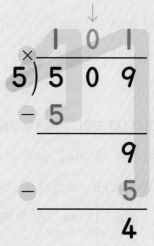

17

(세 자리 수)÷(두 자리 수)

●● 선물 상자 한 개를 포장하는 데 끈 23 cm가 필요합니다. 끈 854 cm로 상자를 몇 개까지 포장할 수 있는지 어떻게 구할까요?

포장할 수 있는 상자의 개수를 구하는 식은 $854 \div 23$입니다.

$23 \times 30 = 690$, $23 \times 40 = 920$이므로 $854 \div 23$의 몫의 십의 자리 숫자는 3이라고 어림할 수 있어요.

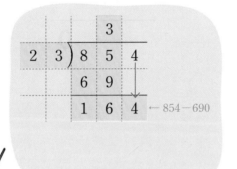

$854 \div 23$의 몫이 몇십쯤일지 어림한 후, 남는 수를 구합니다. 즉, 몫은 30쯤 되고, 남는 수는 164입니다.

164를 23으로 나누면 몫은 7이고 3이 남습니다.

따라서 $854 \div 23 = 37 \cdots 3$이므로 포장할 수 있는 상자는 37개이고, 끈 3 cm가 남습니다.

덧붙여서 (세 자리 수)÷(두 자리 수)의 몫의 자리 수를 찾는 방법을 알아봅시다.

나누어지는 세 자리 수의 왼쪽 두 자리 수가 나누는 수보다 작으면 몫은 한 자리 수가 되고, 크거나 같으면 몫은 두 자리 수가 됩니다.

$\underset{\underset{42 < 47}{\rule{0pt}{0pt}}}{428 \div 47}$ ➡ 몫: 한 자리 수 $\underset{\underset{85 > 23}{\rule{0pt}{0pt}}}{854 \div 23}$ ➡ 몫: 두 자리 수

(세 자리 수)÷(두 자리 수)의 계산 방법을 잘 기억해 두세요.

❶ 몫이 한 자리 수인 경우(1)

15<19이므로 몫은 한 자리 수

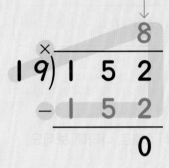

$$
\begin{array}{r}
\times\quad 8 \\
19{\overline{\smash{)}152}} \\
-152 \\
\hline
0
\end{array}
$$

❷ 몫이 한 자리 수인 경우(2)

42<47이므로 몫은 한 자리 수

$$
\begin{array}{r}
\times\quad 9 \\
47{\overline{\smash{)}428}} \\
-423 \\
\hline
5
\end{array}
$$

❸ 몫이 두 자리 수인 경우(1)

74>24이므로 몫은 두 자리 수

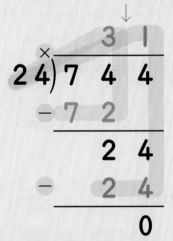

$$
\begin{array}{r}
\times\quad 31 \\
24{\overline{\smash{)}744}} \\
-72 \\
\hline
24 \\
-24 \\
\hline
0
\end{array}
$$

❹ 몫이 두 자리 수인 경우(2)

85>23이므로 몫은 두 자리 수

$$
\begin{array}{r}
\times\quad 37 \\
23{\overline{\smash{)}854}} \\
-69 \\
\hline
164 \\
-161 \\
\hline
3
\end{array}
$$

계산한 나머지가 나누는 수보다
크거나 같으면 몫을 바꾸어 계산해요.

확인해 보자

정답 및 풀이
289쪽

1 다음을 나눗셈식으로 나타내 보세요.

> 54에서 9씩 6번 빼면 0이 됩니다.

( )

2 곱셈식을 나눗셈식 2개로, 나눗셈식을 곱셈식 2개로 나타내 보세요.

(1) $5 \times 4 = 20$ → (,)

(2) $72 \div 8 = 9$ → (,)

3 4로 나누었을 때 나누어떨어지는 수가 아닌 것은 어느 것일까요?

( )

① 16   ② 28   ③ 46   ④ 52   ⑤ 76

4 나머지가 가장 작은 것을 찾아 기호를 써 보세요.

> ㉠ $175 \div 4$ ㉡ $218 \div 3$ ㉢ $703 \div 6$ ㉣ $439 \div 5$

( )

5 선우는 영어 단어 672개를 하루에 25개씩 외우려고 합니다. 며칠 안에 모두 외울 수 있을까요?

( )일

5

자연수의 혼합 계산

#섞여 #괄호 #계산 순서

18
자연수의 혼합 계산(1)

●● 엘리베이터에 16명이 타고 있습니다.
1층에서 9명이 내리고 2명이 탔습니다.
지금 엘리베이터 안에 있는 사람은 몇
명일까요?

지금 엘리베이터 안에 있는 사람의 수를 구하는 식을 하나의 식으로 나타내면
$16-9+2$입니다.

이와 같이 덧셈과 뺄셈이 섞여 있는 식은 앞에서부터 차례대로 계산합니다.

따라서 지금 엘리베이터 안에 있는 사람은
$16-9+2=9$(명)입니다.

$$16-9+2=7+2=9$$
①
②

( )가 있으면 ( ) 안을
먼저 계산해요.

✏️ 덧셈과 뺄셈이 섞여 있는 식의 계산 방법을 잘 기억해 두세요.

❶ 덧셈과 뺄셈이 섞여 있는 경우	❷ ( )가 있는 경우
$16-9+2$ ①7 ②9	$16-(9+2)$ ①11 ②5
계산 순서 앞에서부터 차례대로	계산 순서 ( ) 안을 먼저

어떤 제과점에서 컵케이크 48개를 만들었습니다. 컵케이크를 4개씩 상자 하나에 담고, 상자 하나에 컵케이크 모양의 스티커를 2장씩 붙이려면 필요한 스티커는 몇 장일까요?

컵케이크 48개를 4개씩 상자 하나에 담을 때 필요한 상자의 수를 구하는 식은 $48 \div 4$이고, 컵케이크를 담은 상자 하나에 스티커를 2장씩 붙일 때 필요한 스티커의 수를 구하는 식을 하나의 식으로 나타내면 $48 \div 4 \times 2$입니다. 이와 같이 곱셈과 나눗셈이 섞여 있는 식은 앞에서부터 차례대로 계산합니다. 따라서 필요한 스티커는

$48 \div 4 \times 2 = 24$(장)입니다.

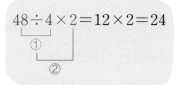

( ) 안을 먼저 계산하지 않으면 계산 결과가 달라질 수 있어요.

✏️ 곱셈과 나눗셈이 섞여 있는 식의 계산 방법을 잘 기억해 두세요.

❶ 곱셈과 나눗셈이 섞여 있는 경우

$$48 \div 4 \times 2$$

① 12
② 24

계산 순서 앞에서부터 차례대로

❷ ( )가 있는 경우

$$48 \div (4 \times 2)$$

① 8
② 6

계산 순서 ( ) 안을 먼저

5. 자연수의 혼합 계산 **53**

19 자연수의 혼합 계산(2)

●● 어느 만두 가게에 만두 14개를 찌고 있는 큰 솥이 있었는데, 7개를 더 넣은 후 한 그릇에 만두를 3개씩 담아 4그릇을 팔았습니다. 솥에 남아 있는 만두는 몇 개일까요?

만두 14개가 들어 있던 처음 솥에 7개를 더 넣은 후, 팔고 남아 있는 만두의 수를 구하는 식을 하나의 식으로 나타내면 $14+7-3\times4$입니다.

이와 같이 덧셈, 뺄셈, 곱셈이 섞여 있는 식은 곱셈을 먼저 계산합니다.

따라서 남아 있는 만두는

$14+7-3\times4=9$(개)입니다.

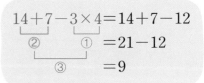

( ) 안을 가장 먼저 계산한 후, $\times \rightarrow +, -$의 순서로 계산해요.

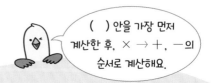

✎ 덧셈, 뺄셈, 곱셈이 섞여 있는 식의 계산 방법을 잘 기억해 두세요.

❶ 덧셈, 뺄셈, 곱셈이 섞여 있는 경우

$$14+7-3\times4$$
② 21   ① 12
③ 9

계산 순서 $\times \rightarrow +, -$

❷ ( )가 있는 경우

$$14+(7-3)\times4$$
① 4
② 16
③ 30

계산 순서 $( ) \rightarrow \times \rightarrow +$

수빈이는 색연필 8자루를 갖고 있습니다. 생일 선물로 받은 색연필 12자루를 동생과 똑같이 나누어 갖고, 친구에게 5자루를 주었습니다. 수빈이가 갖고 있는 색연필은 몇 자루일까요?

생일 선물로 받은 색연필 12자루를 동생과 똑같이 나누어 가질 때 수빈이가 갖는 색연필의 수를 구하는 식은 $12 \div 2$이고, 처음에 갖고 있었던 색연필은 8자루입니다. 그 후 친구에게 5자루를 주었으므로 수빈이가 갖고 있는 색연필의 수를 구하는 식을 하나의 식으로 나타내면 $8 + 12 \div 2 - 5$입니다.

이와 같이 덧셈, 뺄셈, 나눗셈이 섞여 있는 식은 나눗셈을 먼저 계산합니다.

따라서 수빈이가 갖고 있는 색연필은 $8 + 12 \div 2 - 5 = 9$(자루)입니다.

$$
\begin{aligned}
8 + 12 \div 2 - 5 &= 8 + 6 - 5 \\
&= 14 - 5 \\
&= 9
\end{aligned}
$$

$(\ ) \rightarrow \times, \div \rightarrow +, -$의 순서로 계산해요.

✏️ 덧셈, 뺄셈, 나눗셈이 섞여 있는 식의 계산 방법을 잘 기억해 두세요.

❶ 덧셈, 뺄셈, 나눗셈이 섞여 있는 경우

$$8 + 12 \div 2 - 5$$

① 6
② 14
③ 9

계산 순서 $\div \rightarrow +, -$

❷ ( )가 있는 경우

$$(8 + 12) \div 2 - 5$$

① 20
② 10
③ 5

계산 순서 $(\ ) \rightarrow \div \rightarrow -$

5. 자연수의 혼합 계산 **55**

1 계산 결과를 비교하여 ○ 안에 >, =, <를 알맞게 써넣으세요.

$$65-18+2 \quad \bigcirc \quad 37+20-9$$

2 계산 결과를 찾아 이어 보세요

$60 \div (5 \times 4)$ •   • 3

$6 \div 2 \times 10$ •   • 30

3 계산 순서에 맞게 차례대로 기호를 써 보세요.

$$7 \times 8 - (12 + 9)$$
$$\uparrow \quad \uparrow \quad \uparrow$$
$$\text{㉠} \quad \text{㉡} \quad \text{㉢}$$

(   )

4 계산 결과가 10보다 큰 것의 기호를 써 보세요.

$$\text{㉠ } 80 \div 4 - (2+7) \qquad \text{㉡ } (36+24) \div 4 - 6$$

(   )

5 오렌지 1개의 가격은 900원이고 배 3개의 가격은 6000원입니다. 현우는 오렌지 3개와 배 1개를 사고 5000원을 냈습니다. 현우가 받아야 할 거스름돈은 얼마인지 하나의 식으로 나타내어 구해 보세요.

식 _____   답 _____ 원

개념을 정리해 보자

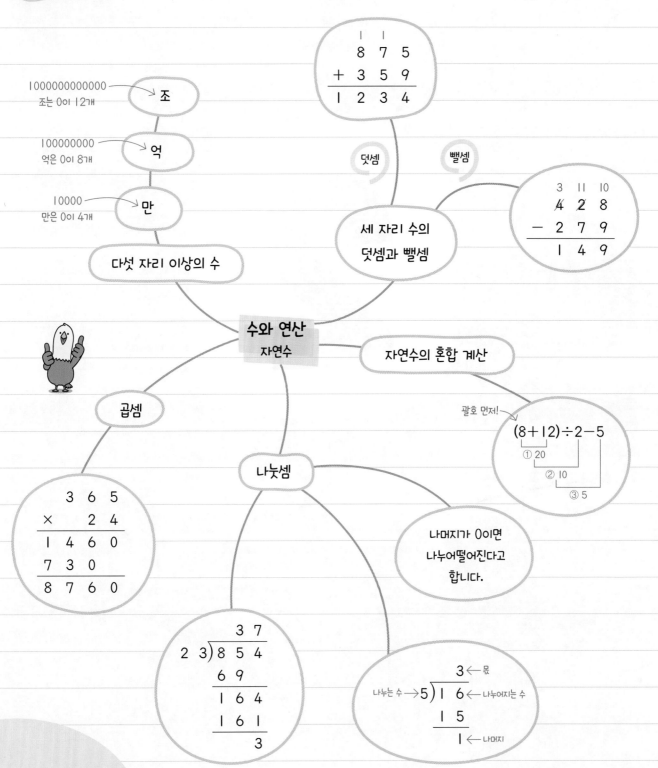

1000000000000
조는 0이 12개
→ 조

100000000
억은 0이 8개
→ 억

10000
만은 0이 4개
→ 만

다섯 자리 이상의 수

$$
\begin{array}{r}
1\ 1 \\
8\ 7\ 5 \\
+\ 3\ 5\ 9 \\
\hline
1\ 2\ 3\ 4
\end{array}
$$

덧셈   뺄셈

세 자리 수의
덧셈과 뺄셈

$$
\begin{array}{r}
3\ \ 11\ \ 10 \\
4\ 2\ 8 \\
-\ 2\ 7\ 9 \\
\hline
1\ 4\ 9
\end{array}
$$

수와 연산
자연수

자연수의 혼합 계산

괄호 먼저!

$(8+12)\div2-5$
① 20
② 10
③ 5

곱셈

$$
\begin{array}{r}
3\ 6\ 5 \\
\times\ \ \ 2\ 4 \\
\hline
1\ 4\ 6\ 0 \\
7\ 3\ 0 \\
\hline
8\ 7\ 6\ 0
\end{array}
$$

나눗셈

나머지가 0이면
나누어떨어진다고
합니다.

$$
\begin{array}{r}
3\ 7 \\
2\ 3\ )\overline{8\ 5\ 4} \\
6\ 9 \\
\hline
1\ 6\ 4 \\
1\ 6\ 1 \\
\hline
3
\end{array}
$$

나누는 수 → 5)1 6 ← 나누어지는 수
3 ← 몫
1 5
1 ← 나머지

2

수와 연산
분수와 소수

✔ 스승의 날은 어떤 인물의 "생일"에서 유래한 날입니다.
이 인물은 누구일까요?

① 다음 설명이 맞으면 ○, 틀리면 ✕에 있는 글자를 고릅니다.
② 숨어 있는 낱말을 찾습니다.

1 1분은 50초입니다.

 ○ 신   ✕ 세

2 90분은 1시간 30분입니다.

○ 종   ✕ 사

3 1 km는 1000 m와 같습니다.

 ○ 대   ✕ 임

4 2 m 3 cm는 230 cm와 같습니다.

○ 당   ✕ 왕

정답은
29O쪽에 있어요.

1 2 3 4
☐ ☐ ☐ ☐

6

분수와 소수

#분자 #분모 #분수
#분모가 같은 분수 #단위분수
#진분수 #가분수 #대분수
#소수점 #소수

20

분수

•● 도형을 똑같이 나누어 볼까요?

똑같이 둘로 나누기

똑같이 넷으로 나누기

이외에도 도형을 똑같이 둘 또는 넷으로 나누는 방법은 여러 가지가 있습니다. 도형을 똑같이 나누면 나누어진 조각의 모양과 크기가 모두 같고, 서로 포개었을 때 완전히 겹칩니다.

나누어진 조각의
모양과 크기가
달라요.

도형을 나누었지만 나누어진 조각의 모양과 크기가 다르면 똑같이 나누어진 도형이 아닙니다.

이제 똑같이 나누어진 도형에서 색칠한 부분은 전체의 얼마인지 알아볼까요?

 → 색칠한 부분 은 전체  를 똑같이

2로 나눈 것 중의 1입니다.

 → 색칠한 부분 은 전체  를 똑같이

3으로 나눈 것 중의 2입니다.

똑같이 나누어진 도형에서 색칠한 부분을 어떻게 간단하게 나타낼까요?

전체를 똑같이 2로 나눈 것 중의 1을 $\frac{1}{2}$이라 쓰고 2분의 1이라고 읽습니다.

전체를 똑같이 3으로 나눈 것 중의 2를 $\frac{2}{3}$라 쓰고 3분의 2라고 읽습니다.

$\frac{1}{2}$, $\frac{2}{3}$와 같은 수를 분수라고 합니다.

$$\frac{1}{2} \begin{matrix} \leftarrow 분자 \\ \leftarrow 분모 \end{matrix} \qquad \frac{2}{3} \begin{matrix} \leftarrow 분자 \\ \leftarrow 분모 \end{matrix}$$

분수 중에서 $\frac{1}{2}$, $\frac{1}{3}$, $\frac{1}{4}$, …과 같이 분자가 1인 분수를 단위분수라고 합니다.

단위분수는 몇 부분으로 나누든 전체를 똑같이 나눈 것 중의 1이에요.

실생활에서도 분수를 찾아볼 수 있을까요?

프랑스 국기에서 파란색 부분은 전체의 $\frac{1}{3}$입니다.

✏️ 분수로 나타내는 방법을 잘 기억해 두세요.

$\frac{6}{9}$ ← 색칠한 부분 ··· 색칠하지 않은 부분 → $\frac{3}{9}$

21
분수의 크기 비교(1)

수지가
먹은 양

민호가
먹은 양

●● 피자를 6조각으로 나누어 민호는 전체의 $\frac{3}{6}$만큼, 수지는 전체의 $\frac{2}{6}$만큼을 먹었을 때, 피자를 더 많이 먹은 친구는 누구일까요?

$\frac{3}{6}$은 전체를 똑같이 6으로 나눈 것 중 3만큼 색칠하고, $\frac{2}{6}$는 전체를 똑같이 6으로 나눈 것 중 2만큼 색칠했더니 $\frac{3}{6}$이 $\frac{2}{6}$보다 더 큽니다.

$$\frac{3}{6} \qquad \Rightarrow \qquad \frac{3}{6} > \frac{2}{6}$$
$$\frac{2}{6}$$

또, 단위분수 $\frac{1}{6}$이 몇 개인지 생각해 보면 $\frac{3}{6}$은 $\frac{1}{6}$이 3개, $\frac{2}{6}$는 $\frac{1}{6}$이 2개이므로 $\frac{3}{6}$이 $\frac{2}{6}$보다 더 큽니다.

이때 분수의 분자의 크기를 비교하면 3>2이므로 $\frac{3}{6} > \frac{2}{6}$입니다.

이와 같이 분모가 같은 분수는 전체를 똑같이 나눈 것이고, 그중 분자가 색칠한 부분이므로 분자가 더 크면 더 큰 수입니다.

분모가 같은 분수는 분자가 클수록 더 큽니다.

단위분수 $\frac{1}{2}$ 과 $\frac{1}{4}$ 중에서 어느 분수가 더 클까요?

$\frac{1}{2}$ 과 $\frac{1}{4}$ 을 수직선 위에 나타내고 크기를 비교해 보면 $\frac{1}{2}$ 이 $\frac{1}{4}$ 보다 더 큽니다.

$$\frac{1}{2} > \frac{1}{4}$$

이와 같이 단위분수는 분모가 더 작으면 전체 1을 똑같이 나눈 것 중 하나는 더 커지므로 분모가 더 작으면 더 큰 수입니다.

단위분수는 분모가 작을수록 더 큽니다.

 분수의 크기를 비교하는 방법을 잘 기억해 두세요.

❶ 분모가 같은 분수의 크기 비교

$$\frac{3}{6} > \frac{2}{6} \qquad \frac{1}{4} < \frac{3}{4}$$

분모가 같은 분수는 분자가 더 큰 분수가 더 커요!

❷ 단위분수의 크기 비교

$$\frac{1}{4} < \frac{1}{3} \qquad \frac{1}{6} > \frac{1}{9}$$

분자가 1인 단위분수는 분모가 더 작은 분수가 더 커요.

22

분수로 나타내기

•● 빵 6개를 똑같이 2묶음, 3묶음으로 나누어 볼까요?

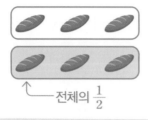

↑──전체의 $\frac{1}{2}$

전체를 똑같이 2묶음으로 나눈 것 중의 1묶음이므로 전체의 $\frac{1}{2}$입니다.

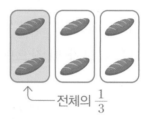

↑──전체의 $\frac{1}{3}$

전체를 똑같이 3묶음으로 나눈 것 중의 1묶음이므로 전체의 $\frac{1}{3}$입니다.

그렇다면 전체의 분수만큼은 얼마인지 알아볼까요?

12의 $\frac{1}{3}$이 얼마인지 구하려면 12개를 3묶음으로 나누어야 해요.

쿠키 12개를 똑같이 3묶음으로 나누어 보면 1묶음은 전체를 똑같이 3묶음으로 나눈 것 중의 1묶음이므로 전체의 $\frac{1}{3}$입니다.

↑
12의 $\frac{1}{3}$

이때 1묶음에는 쿠키가 4개 있으므로 12의 $\frac{1}{3}$은 4입니다.

> ■의 $\frac{▲}{●}$는 ■를 똑같이 ●묶음으로 나눈 것 중의 ▲묶음입니다.

그럼, 12의 $\frac{2}{3}$는 얼마일까요?

12의 $\frac{2}{3}$는 12를 똑같이 3묶음으로 나눈 것 중의 2묶음이므로 8입니다.

이번에는 귤 20개를 4개씩 묶어서 4와 12는 각각 20의 얼마인지 알아볼까요?

귤 20개를 4개씩 묶으면 5묶음입니다.

4는 20을 똑같이 5묶음으로 나눈 것 중의 1묶음이므로 4는 20의 $\frac{1}{5}$입니다.

12는 20을 똑같이 5묶음으로 나눈 것 중의 3묶음이므로 12는 20의 $\frac{3}{5}$입니다.

8은 20을 똑같이 5묶음으로 나눈 것 중의 2묶음이므로 8은 20의 $\frac{2}{5}$입니다.

✎ 분수로 나타내는 방법을 잘 기억해 두세요.

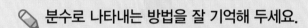

9를 3씩 묶었을 때

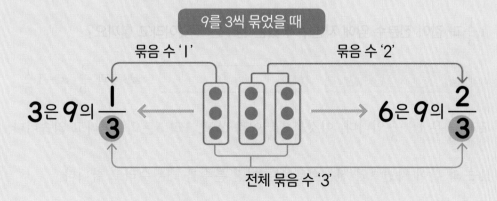

묶음 수 '1'

묶음 수 '2'

3은 9의 $\frac{1}{3}$

6은 9의 $\frac{2}{3}$

전체 묶음 수 '3'

23 진분수, 가분수, 대분수

●● 분수 $\frac{3}{5}$ 에서 분자 3은 분모 5보다 작습니다. 분수 $\frac{6}{5}$ 에서 분자 6은 분모 5보다

큽니다. 또, 분수 $\frac{5}{5}$ 에서 분자와 분모는 같은 수이지요.

$\frac{1}{5}$, $\frac{2}{5}$, $\frac{3}{5}$, $\frac{4}{5}$ 와 같이 분자가 분모보다 작은 분수를 진분수라고 합니다.

$\frac{5}{5}$, $\frac{6}{5}$ 과 같이 분자가 분모와 같거나 분모보다 큰 분수를 가분수라고 합니다.

1, 2, 3과 같은 수를 자연수라고 합니다.

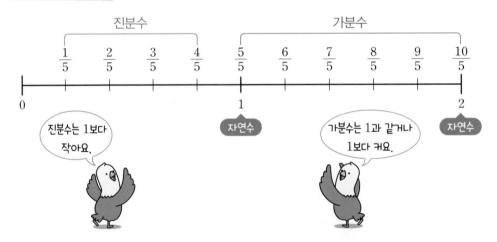

$1\frac{1}{5}$ 과 같이 진분수 앞에 자연수가 있는 분수는 무엇이라고 할까요?

➡ 1과 $\frac{1}{5}$ ➡ $1\frac{1}{5}$

1과 $\frac{1}{5}$ 은 $1+\frac{1}{5}$ 입니다. 이것을 $1\frac{1}{5}$ 이라 쓰고, 1과 5분의 1이라고 읽습니다.

$1\frac{1}{5}$ 과 같이 자연수와 진분수로 이루어진 분수를 대분수라고 합니다.

✐ 여러 가지 분수 사이의 관계를 잘 기억해 두세요.

❶ 자연수는 모두 가분수로 나타낼 수 있습니다.

자연수를 분모가 3인 가분수로 나타내기

$$1 = \frac{3}{3}, \quad 2 = \overset{3 \times 2}{\frac{6}{3}}, \quad 3 = \overset{3 \times 3}{\frac{9}{3}}, \quad 4 = \overset{3 \times 4}{\frac{12}{3}}, \quad \cdots$$

분모가 3인 가장 작은 가분수

❷ 대분수는 가분수로 나타낼 수 있습니다.

대분수 $1\frac{2}{5}$ 를 가분수로 나타내기

$1\frac{2}{5}$

$1 = \frac{5}{5}$

$\frac{5}{5}$ 와 $\frac{2}{5}$

$\frac{7}{5}$

$\frac{5}{5}$ 와 $\frac{2}{5}$ 에서 $\frac{1}{5}$ 이 7개이므로 $\frac{7}{5}$ 입니다.

❸ 가분수는 대분수로 나타낼 수 있습니다.

가분수 $\frac{7}{5}$ 을 대분수로 나타내기

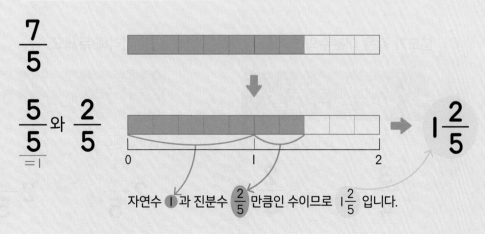

$\frac{7}{5}$

$\underset{=1}{\frac{5}{5}}$ 와 $\frac{2}{5}$

$1\frac{2}{5}$

자연수 1과 진분수 $\frac{2}{5}$ 만큼인 수이므로 $1\frac{2}{5}$ 입니다.

24

분수의 크기 비교(2)

●● 분모가 같은 분수의 크기를 비교해 볼까요?

분모가 같은 가분수끼리의 크기 비교에서는 분자의 크기가 큰 가분수가 더 큽니다.

$$\frac{8}{5} < \frac{10}{5}$$

그럼, 분모가 같은 대분수끼리의 크기 비교도 분자의 크기만 비교하면 될까요?

아니에요!

먼저 자연수의 크기를 비교해 보고 ─────→ $2\frac{3}{5} < 3\frac{1}{5}$

자연수의 크기가 같으면 분자의 크기를 비교합니다. ─→ $3\frac{1}{5} < 3\frac{3}{5}$

그렇다면 가분수와 대분수의 크기는 어떻게 비교할까요?

방법1 가분수를 대분수로 나타내 비교하기: $\frac{7}{5}$과 $1\frac{3}{5}$ ➡ $1\frac{2}{5} < 1\frac{3}{5}$

방법2 대분수를 가분수로 나타내 비교하기: $\frac{7}{5}$과 $1\frac{3}{5}$ ➡ $\frac{7}{5} < \frac{8}{5}$

✏ 분모가 같은 대분수의 크기를 비교하는 방법을 잘 기억해 두세요.

자연수가 다른 대분수 ➡ 자연수의 크기 비교	자연수가 같은 대분수 ➡ 분자의 크기 비교

내가 더 큰 수

$$2\frac{3}{4} < 5\frac{2}{4}$$

내가 더 큰 수

$$2\frac{4}{5} > 2\frac{2}{5}$$

1 $\frac{3}{5}$ 만큼 색칠한 것을 찾아 ○표 하세요.

(   )   (   )   (   )

2 분수의 크기를 바르게 비교한 사람은 누구일까요?

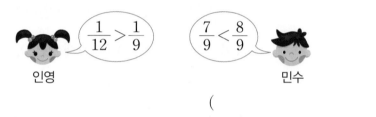

인영   민수

(   )

3 그림을 보고 ☐ 안에 알맞은 수를 써넣으세요.

(1) 8의 $\frac{1}{4}$ 은 ☐ 입니다.

(2) 8의 $\frac{3}{4}$ 은 ☐ 입니다.

4 대분수는 가분수로, 가분수는 대분수로 나타내 보세요.

(1) $2\frac{5}{7}$ (2) $\frac{19}{9}$

25

소수 한 자리 수

•• 1을 똑같이 10으로 나눈 것 중의 1인 ▨▨▨ 부분을 분수로 나타내면 $\dfrac{1}{10}$인 것은

이미 배웠어요. 이것을 분수가 아닌 다른 방법으로도 나타내 볼까요?

분수 $\dfrac{1}{10}$을 **0.1**이라 쓰고 영 점 일이라고 읽습니다.

0.1이 2개이면 **0.2**, **0.1**이 3개이면 **0.3**, …, **0.1**이 9개이

면 **0.9**입니다.

0.2, **0.3**, …, **0.9**는 영 점 이, 영 점 삼, …, 영 점 구라고 읽습니다.

0.1, **0.2**, **0.3**과 같은 수를 소수라 하고 '.'을 소수점이라고 합니다.

$$\dfrac{1}{10}=0.1$$

3 cm보다 4 mm만큼 더 긴 지우개의 길이는 몇 cm

인지 소수로 나타내 볼까요?

3 cm보다 4 mm 더 긴 길이는 3 cm 4 mm입니

다. 1 mm는 0.1 cm이므로 4 mm를 소수로 나타

내면 0.4 cm입니다.

즉, 지우개의 길이는 3 cm와 0.4 cm이므로 소수로 나타내면 3.4 cm입니다.

이처럼 3과 0.4만큼을 **3.4**라 쓰고 **삼 점 사**라고 읽습니다.

한편, 0.1 cm가 34개이므로 3.4 cm로 생각할 수도 있습니다.

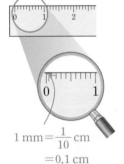

$1\,mm=\dfrac{1}{10}\,cm$
$=0.1\,cm$

길이가 다른 두 색 테이프가 있습니다. 보라색 테이프는 0.7 m, 분홍색 테이프는 0.9 m입니다. 무슨 색 테이프의 길이가 더 긴지 알아볼까요?

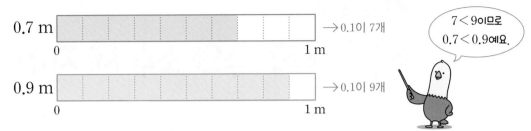

0.7 m $\rightarrow$ 0.1이 7개

0.9 m $\rightarrow$ 0.1이 9개

7 < 9이므로
0.7 < 0.9예요.

0.7은 0.1이 7개이고, 0.9는 0.1이 9개이므로 7 < 9에서 0.7 < 0.9입니다.

이번에는 2.3과 2.9의 크기 비교를 해 볼까요?

2.3은 0.1이 23개, 2.9는 0.1이 29개이므로 23 < 29에서 2.3 < 2.9입니다.

> 0.1의 개수가 더 많은 소수가 더 큽니다.

✏️ 자연수와 소수로 이루어진 소수를 나타내는 방법을 잘 기억해 두세요.

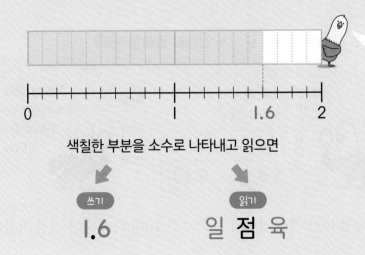

색칠한 부분은 1과 0.6만큼이고, 0.1이 16개이기도 하므로 소수로 나타내면 1.6이에요.

색칠한 부분을 소수로 나타내고 읽으면

쓰기
1.6

읽기
일 점 육

26

소수 두 자리 수와 소수 세 자리 수

●● 분수 $\frac{1}{100}$ 과 $\frac{1}{1000}$ 을 소수로 나타내 볼까요?

$\boxed{\frac{1}{100}=0.01}$ 분수 $\frac{1}{100}$ 은 소수로 **0.01**이라 쓰고, 영 점 영일이라고 읽습니다.

0.01이 27개인 소수는 **0.27**이라 쓰고, 영 점 이칠이라고 읽습니다.

$\boxed{\frac{1}{1000}=0.001}$ 분수 $\frac{1}{1000}$ 은 소수로 **0.001**이라 쓰고, 영 점 영영일이라고 읽습니다.

0.001이 452개인 소수는 **0.452**라 쓰고, 영 점 사오이라고 읽습니다.

1.365를 알아볼까요?

1.365

├─ 1은 일의 자리 숫자이고, 1을 나타냅니다.

├─ 3은 소수 첫째 자리 숫자이고, 0.3을 나타냅니다.

├─ 6은 소수 둘째 자리 숫자이고, 0.06을 나타냅니다.

└─ 5는 소수 셋째 자리 숫자이고, 0.005를 나타냅니다.

> 1.365는 일 점 삼육오라고 읽어요.

1.365는 1이 1개, 0.1이 3개, 0.01이 6개, 0.001이 5개인 수입니다.

이제 소수와 소수 사이에는 어떤 관계가 있는지 알아볼까요?

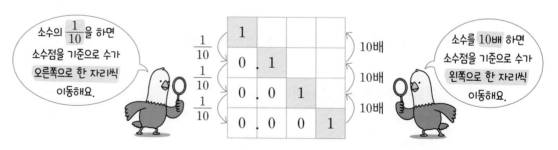

소수의 $\frac{1}{10}$ 을 하면 소수점을 기준으로 수가 오른쪽으로 한 자리씩 이동해요.

소수를 10배 하면 소수점을 기준으로 수가 왼쪽으로 한 자리씩 이동해요.

소수의 $\frac{1}{10}$ 을 하면 수가 점점 작아지고, 소수를 10배 하면 수가 점점 커집니다.

이번에는 소수의 크기를 비교하는 방법을 알아볼까요?

자연수부터 소수 첫째 자리 수, 소수 둘째 자리 수, 소수 셋째 자리 수, …를 차례대로 비교합니다.

2.709와 2.703의 크기 비교하기

❶ 자연수 비교하기	②.709	②.703	② = ②
❷ 소수 첫째 자리 수 비교하기	2.⑦09	2.⑦03	⑦ = ⑦
❸ 소수 둘째 자리 수 비교하기	2.7⓪9	2.7⓪3	⓪ = ⓪
❹ 소수 셋째 자리 수 비교하기	2.70⑨	2.70③	⑨ > ③

➡ 2.709 > 2.703

참고 0.3과 0.30의 크기 비교하기

0.3과 0.30은 같은 수입니다. 필요한 경우에는 소수의 오른쪽 끝자리에 0을 붙여서 나타낼 수 있습니다.

✏ 소수의 크기를 비교하는 방법을 잘 기억해 두세요.

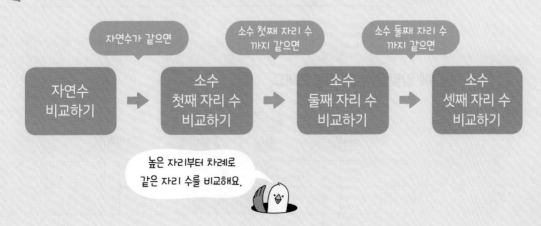

1

□ 안에 알맞은 분수 또는 소수를 써넣으세요.

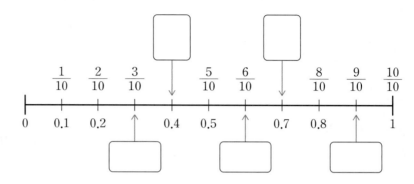

2

(   ) 안의 수 중에서 □ 안에 들어갈 수 있는 수를 모두 찾아 ○표 하세요.

$$0.6 < 0.\square$$

(　5,　6,　7,　8,　9　)

3

소수를 보고 빈 곳에 알맞은 수를 써넣으세요.

	일의 자리		소수 첫째 자리	소수 둘째 자리	소수 셋째 자리
3.475	3	.		7	

4

빈칸에 알맞은 수를 써넣으세요.

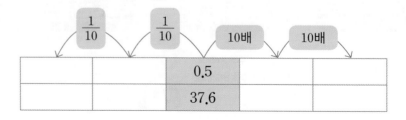

7

분수와 소수의
덧셈과 뺄셈

#분모가 같은 분수 #소수
#덧셈 #뺄셈

27
분모가 같은 분수의 덧셈

•● 호두 파이 위에 메모가 남겨져 있네요. 석찬이와 유림이가 먹을 수 있는 호두 파이는 전체의 얼마만큼 일까요?

석찬이는 전체의 $\frac{3}{8}$ 만큼, 유림이는 전체의 $\frac{2}{8}$ 만큼 먹으렴. 나머지는 아버지 드시게 남겨 두자.
　　　　　　-엄마-

구하는 식을 나타내면 $\frac{3}{8} + \frac{2}{8}$ 예요.

$\frac{3}{8}$ 과 $\frac{2}{8}$ 는 $\frac{1}{8}$ 이 각각 3개, 2개이므로 $\frac{3}{8} + \frac{2}{8}$ 는 $\frac{1}{8}$ 이 3+2=5(개)입니다.

유림 $\frac{2}{8}$　　석찬 $\frac{3}{8}$

$$\frac{3}{8} + \frac{2}{8} = \frac{3+2}{8} = \frac{5}{8}$$

따라서 석찬이와 유림이가 먹을 수 있는 호두 파이는 전체의 $\frac{3}{8} + \frac{2}{8} = \frac{5}{8}$ 입니다.

이렇게 진분수의 덧셈은 분모는 그대로 두고 분자끼리 더합니다.

이번에는 진분수의 합이 가분수인 경우를 알아볼까요?

분모는 그대로 두고 분자끼리 더한 다음 계산 결과가 가분수이면 대분수로 바꿉니다.

$$\frac{4}{5} + \frac{3}{5} = \frac{4+3}{5} = \frac{7}{5} = 1\frac{2}{5}$$

대분수로 바꾸기

이제 대분수의 덧셈도 알아볼까요?

대분수의 덧셈은 자연수 부분끼리 더하고, 진분수 부분끼리 더합니다.

$$1\frac{2}{4}+2\frac{3}{4}=3+\frac{5}{4}=3+1\frac{1}{4}=4\frac{1}{4}$$

대분수로 바꾸기

이때 진분수 부분끼리 더한 결과가 가분수이면 대분수로 바꾸어 계산합니다.

또, 대분수를 가분수로 바꾸어 분자끼리 더한 다음 가분수를 대분수로 바꿀

수도 있습니다.

둘 중 편한 방법으로 계산하면 돼요.

$$1\frac{2}{4}+2\frac{3}{4}=\frac{6}{4}+\frac{11}{4}=\frac{17}{4}=4\frac{1}{4}$$

대분수로 바꾸기

 분모가 같은 분수의 덧셈 방법을 잘 기억해 두세요.

(진분수)＋(진분수)

분자끼리 더하기

$$\frac{3}{8}+\frac{2}{8}=\frac{3+2}{8}=\frac{5}{8}$$

분모는 그대로!

(대분수)＋(대분수)

자연수 부분끼리 더하기

$$1\frac{2}{4}+2\frac{3}{4}=3+\frac{5}{4}=3+1\frac{1}{4}=4\frac{1}{4}$$

진분수 부분끼리 더하기

28
분모가 같은 분수의 뺄셈

●● 오른쪽 대화에서 유진이는 민호보다 주스를 얼마나 더 많이 마셨을까요?

나는 오렌지주스를 $\frac{5}{6}$컵 마셨어.

나는 딸기주스를 $\frac{3}{6}$컵 마셨어.

유진

민호

구하는 식을 나타내면 $\frac{5}{6}-\frac{3}{6}$ 이에요.

$\frac{5}{6}$와 $\frac{3}{6}$은 $\frac{1}{6}$이 각각 5개, 3개이므로

$\frac{5}{6}-\frac{3}{6}$은 $\frac{1}{6}$이 5−3=2(개)입니다.

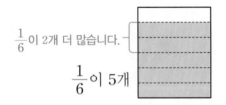

$\frac{1}{6}$이 2개 더 많습니다.

$\frac{1}{6}$이 5개

$\frac{1}{6}$이 3개

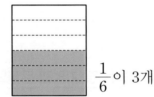

$$\frac{5}{6}-\frac{3}{6}=\frac{5-3}{6}=\frac{2}{6}$$

따라서 유진이는 민호보다 $\frac{5}{6}-\frac{3}{6}=\frac{2}{6}$(컵) 더 많이 마셨습니다.

이렇게 진분수의 뺄셈은 분모는 그대로 두고 분자끼리 뺍니다.

이제 대분수의 뺄셈도 알아볼까요?

대분수의 뺄셈은 자연수 부분끼리 빼고, 진분수 부분끼리 뺍니다.

$$3\frac{5}{6}-1\frac{3}{6}=2+\frac{2}{6}=2\frac{2}{6}$$

또, 대분수를 가분수로 바꾸어 분자끼리 뺀 다음 가분수를 대분수로 바꿀 수도 있습니다.

$$3\frac{5}{6}-1\frac{3}{6}=\frac{23}{6}-\frac{9}{6}=\frac{14}{6}=2\frac{2}{6}$$

가분수로 바꾸기　　대분수로 바꾸기

둘 중 편한 방법으로 계산하면 돼요.

자연수에서 분수를 빼는 방법을 알아볼까요?

자연수에는 분수 부분이 없으니까 분수 부분을 만들어 주어야 해요.

자연수 중 1만큼을 가분수로 바꾼 후 자연수 부분끼리, 분수 부분끼리 뺍니다.

$$3-1\frac{2}{5}=2\frac{5}{5}-1\frac{2}{5}=1\frac{3}{5}$$

1만큼을 가분수로 바꾸기

이번에는 진분수 부분끼리 뺄 수 없는 대분수의 뺄셈도 알아볼까요?

대분수의 뺄셈에서 진분수 부분끼리 뺄 수 없을 때에는 자연수에서
1만큼을 분수로 빌려 와 자연수 부분끼리, 분수 부분끼리 뺍니다.

$$3\frac{2}{5}-1\frac{3}{5}=2\frac{7}{5}-1\frac{3}{5}=1\frac{4}{5}$$

1만큼을 분수로 빌려 오기

빼는 분수의 분모와 같도록 해야 해요.

✎ 분모가 같은 분수의 뺄셈 방법을 잘 기억해 두세요.

(진분수)−(진분수)

분자끼리 빼기

$$\frac{5}{6}-\frac{3}{6}=\frac{5-3}{6}=\frac{2}{6}$$

진분수 부분끼리 뺄 수 없는 (대분수)−(대분수)

$$3\frac{2}{5}-1\frac{3}{5}=2\frac{7}{5}-1\frac{3}{5}=1\frac{4}{5}$$

$2\frac{2}{5}+1=2\frac{2}{5}+\frac{5}{5}$

자연수에서 1만큼을
분수로 빌려 와요.

29

소수의 덧셈

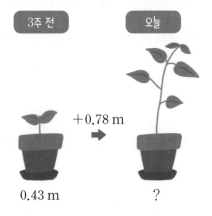

3주 전   오늘

+0.78 m

0.43 m   ?

●● 3주 전에 강낭콩의 길이를 재어 보니 0.43 m였는데 오늘까지 0.78 m가 더 자랐습니다. 오늘 잰 강낭콩의 길이는 몇 m일까요?

구하는 식을 나타내면
0.43+0.78
이에요.

0.43과 0.78은 0.01이 각각 43개, 78개이므로 0.43+0.78은 0.01이 43+78=121(개)입니다.

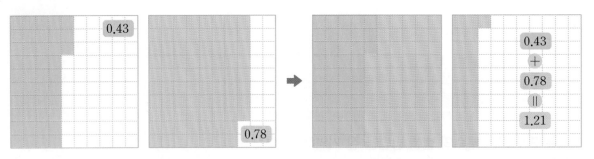

0.43

0.78

0.43
+
0.78
||
1.21

따라서 오늘 잰 강낭콩의 길이는 0.43+0.78=1.21 (m)입니다.

이제 세로로 계산하는 방법을 알아볼까요?

| 소수 둘째 자리 계산 | 소수 첫째 자리 계산 | 일의 자리 계산 |

이와 같이 소수의 덧셈은 소수점끼리 맞추어 세로로 쓰고 같은 자리 수끼리 더합니다.

✐ 소수의 덧셈 방법을 잘 기억해 두세요.

❶ 소수 한 자리 수의 덧셈

❷ 소수 두 자리 수의 덧셈

> 자연수의 덧셈과 같이 계산하고 소수점만 잘 찍어 주어요.

```
   2.3
+  1.5
-------
   3.8
```

```
   6.25
+  1.43
-------
   7.68
```

❸ 받아올림이 있는 소수 두 자리 수의 덧셈

❹ 자릿수가 다른 소수의 덧셈

> 받아올림에 주의해요.

> 소수의 오른쪽 끝자리에 0이 있는 것으로 생각해요.

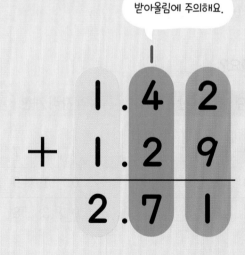

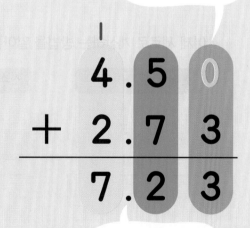

> 자릿수가 달라도 소수점끼리 맞추어 쓰면 돼요.

30
소수의 뺄셈

●● 자두가 담겨 있는 상자의 무게가 0.57 kg 입니다. 빈 상자의 무게가 0.19 kg일 때 자두의 무게는 몇 kg일까요?

0.57 kg　0.19 kg

구하는 식을 나타내면 $0.57 - 0.19$예요.

0.57과 0.19는 0.01이 각각 57개, 19개이므로 $0.57 - 0.19$는 0.01이 $57 - 19 = 38$(개)입니다.

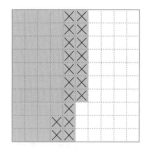

×로 지우고 남은 부분

$0.57 - 0.19 = 0.38$

0.19만큼 ×표 했어요.

따라서 자두의 무게는 $0.57 - 0.19 = 0.38$ (kg)입니다.

이제 세로로 계산하는 방법을 알아볼까요?

| 소수 둘째 자리 계산 | 소수 첫째 자리 계산 | 일의 자리 계산 |

이와 같이 **소수의 뺄셈**은 소수점끼리 맞추어 세로로 쓰고 같은 자리 수끼리 뺍니다.

✎ 소수의 뺄셈 방법을 잘 기억해 두세요.

❶ 소수 한 자리 수의 뺄셈

❷ 소수 두 자리 수의 뺄셈

> 자연수의 뺄셈과 같이 계산하고 소수점만 잘 찍어 주어요.

$$
\begin{array}{r}
8.4 \\
-\ 6.1 \\
\hline
2.3
\end{array}
$$

$$
\begin{array}{r}
4.75 \\
-\ 1.23 \\
\hline
3.52
\end{array}
$$

❸ 받아내림이 있는 소수 두 자리 수의 뺄셈

> 받아내림에 주의해요.

$$
\begin{array}{r}
\overset{5}{\cancel{6}}.\overset{12}{\cancel{3}}\ \overset{10}{7} \\
-\ 2.5\ 9 \\
\hline
3.7\ 8
\end{array}
$$

❹ 자릿수가 다른 소수의 뺄셈

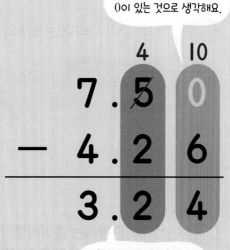

> 소수의 오른쪽 끝자리에 0이 있는 것으로 생각해요.

$$
\begin{array}{r}
\overset{4}{7}.\overset{10}{\cancel{5}}\ \overset{}{0} \\
-\ 4.2\ 6 \\
\hline
3.2\ 4
\end{array}
$$

> 자릿수가 달라도 소수점끼리 맞추어 쓰면 돼요.

1️⃣ 그림을 보고 □ 안에 알맞은 수를 써넣으세요.

| 0 | | 1 | | 2 |

$$\frac{4}{7} + \frac{5}{7} = \frac{\boxed{}}{7} = \boxed{}\frac{\boxed{}}{7}$$

2️⃣ 빈칸에 알맞은 수를 써넣으세요.

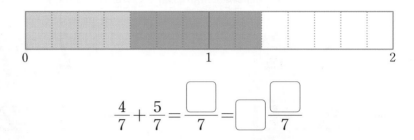

3️⃣ ㉠과 ㉡이 나타내는 소수의 합을 구해 보세요.

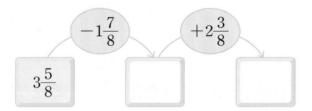

㉠ 0.01이 16개인 소수
㉡ 일의 자리 숫자가 7, 소수 첫째 자리 숫자가 5인 소수

( )

4️⃣ 선주와 준현이는 종이비행기를 날리고 있습니다. 선주의 종이비행기는 4.7 m 날아갔고, 준현이의 종이비행기는 3.9 m 날아갔습니다. 누구의 종이비행기가 얼마나 더 멀리 날아갔을까요?

( ), ( ) m

8
약수와 배수

#약수 #배수 #공약수
#최대공약수 #공배수 #최소공배수

31

약수와 배수

●● 사탕 8개를 친구들에게 남김없이 나누어 주려고 해요. 친구들에게 똑같이 나누어 주려고 하는데 친구 몇 명에게 나누어 줄 수 있을까요?

남김없이 각 묶음의 사탕 수가 똑같게 나누어야 해요.

사탕 8개는 1묶음, 2묶음, 4묶음, 8묶음으로 남김없이 똑같이 나눌 수 있습니다.

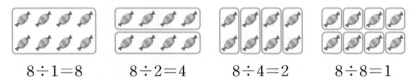

$$8 \div 1 = 8 \qquad 8 \div 2 = 4 \qquad 8 \div 4 = 2 \qquad 8 \div 8 = 1$$

즉, 사탕 8개를 1명 또는 2명 또는 4명 또는 8명의 친구에게 남김없이 똑같이 나누어 줄 수 있습니다. 이때 1, 2, 4, 8은 8을 나누어떨어지게 하는 수입니다. 이렇게 어떤 수를 나누어떨어지게 하는 수를 그 수의 **약수**라고 합니다.

1, 2, 4, 8은 8의 약수입니다.

약수는 나눗셈식을 이용해서 구해요.

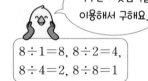

$8 \div 1 = 8$, $8 \div 2 = 4$,
$8 \div 4 = 2$, $8 \div 8 = 1$

친구 1명에게 쿠키를 3개씩 나누어 주려고 해요. 필요한 쿠키는 몇 개일까요?

친구가 1명이면 3개, 2명이면 $3 \times 2 = 6$(개), 3명이면 $3 \times 3 = 9$(개), …의 쿠키가 필요합니다.

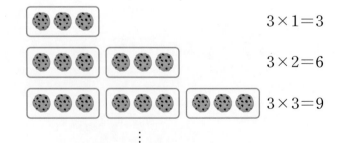

$$3 \times 1 = 3$$

$$3 \times 2 = 6$$

$$3 \times 3 = 9$$

이때 3, 6, 9, …는 3을 1배, 2배, 3배, … 한 수입니다.

이렇게 어떤 수를 1배, 2배, 3배, … 한 수를 그 수의 배수라고 합니다.

따라서 3, 6, 9, …는 3의 배수입니다.

곱을 이용하여 약수와 배수는 어떤 관계가 있는지 살펴볼까요?

14를 두 수의 곱으로 나타내 보면 다음과 같습니다.

$14 = 1 \times 14$	$14 = 2 \times 7$
1과 14의 배수　14의 약수	2와 7의 배수　14의 약수

→ 14는 1, 2, 7, 14의 배수입니다.

　1, 2, 7, 14는 14의 약수입니다.

위의 곱셈식을 이용하면 14가 어떤 수의 배수인지, 14의 약수는 어떤 수인지 쉽게 알 수 있습니다.

또, 12를 약수를 이용한 곱셈식으로 나타내어 약수와 배수의 관계를 알아보면 다음과 같습니다.

$12 = 1 \times 12$	$12 = 2 \times 6$	$12 = 3 \times 4$

→ 12는 1, 2, 3, 4, 6, 12의 배수입니다.

　1, 2, 3, 4, 6, 12는 12의 약수입니다.

✎ 약수와 배수의 관계를 잘 기억해 두세요.

● = ■ × ▲ ➡ ●는 ■와 ▲의 배수입니다.

■와 ▲는 ●의 약수입니다.

8. 약수와 배수 **89**

32
공약수와 최대공약수

●● 12와 18의 공통인 약수를 찾아볼까요?

12의 약수	①, ②, ③, 4, ⑥, 12
18의 약수	①, ②, ③, ⑥, 9, 18

➡ 12와 18의 공통인 약수: 1, 2, 3, 6
└→ 공통인 약수 중 가장 큰 수

1, 2, 3, 6은 12의 약수도 되고 18의 약수도 됩니다.

12와 18의 공통인 약수 1, 2, 3, 6을 12와 18의 공약수라고 합니다.

공약수 중에서 가장 큰 수인 6을 12와 18의 최대공약수라고 합니다.

이때 두 수 12와 18의 공약수 1, 2, 3, 6은 12와 18의 최대공약수인 6의 약수와 같습니다.

✏ 공약수와 최대공약수에 대하여 잘 기억해 두세요.

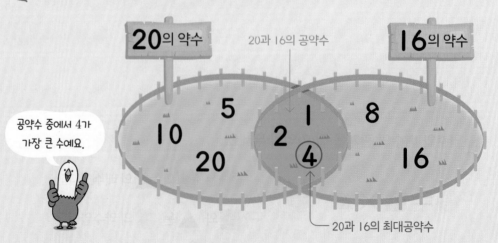

공약수 중에서 4가 가장 큰 수예요.

20의 약수   20과 16의 공약수   16의 약수

5   1   8
10   2
20   ④   16

20과 16의 최대공약수

두 수의 최대공약수를 구하는 방법을 알아볼까요?

18과 30의 최대공약수 구하기

방법1

$$18 = \underline{2 \times 3} \times 3 \qquad 30 = \underline{2 \times 3} \times 5$$

$$2 \times 3 = 6 \quad \Rightarrow \quad 18과 30의 \quad \boxed{최대공약수}$$

➡ 여러 수의 곱으로 나타낸 곱셈식에서 공통으로 들어 있는 곱셈식을 계산하여 최대공약수를 구합니다.

방법2

$$
\begin{array}{r|cc}
2 & 18 & 30 \\
3 & 9 & 15 \\
\hline
& 3 & 5
\end{array}
$$

→ 1 이외의 공약수가 없습니다.

$$2 \times 3 = 6 \quad \Rightarrow \quad 18과 30의 \quad \boxed{최대공약수}$$

➡ 1 이외의 공약수가 없을 때까지 나눈 다음 나눈 공약수끼리 곱하여 최대공약수를 구합니다.

🖋 최대공약수를 구하는 방법을 잘 기억해 두세요.

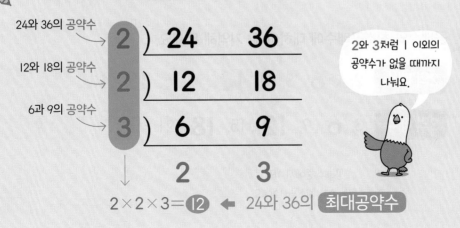

24와 36의 공약수
12와 18의 공약수
6과 9의 공약수

$$
\begin{array}{r|cc}
2 & 24 & 36 \\
2 & 12 & 18 \\
3 & 6 & 9 \\
\hline
& 2 & 3
\end{array}
$$

$$2 \times 2 \times 3 = 12 \quad \Leftarrow \quad 24와 36의 \quad \boxed{최대공약수}$$

2와 3처럼 1 이외의 공약수가 없을 때까지 나눠요.

33

공배수와 최소공배수

●● 3과 4의 공통인 배수를 찾아볼까요?

3의 배수	3, 6, 9, ⑫, 15, 18, 21, ㉔, 27, 30, 33, ㊱, 39, …
4의 배수	4, 8, ⑫, 16, 20, ㉔, 28, 32, ㊱, 40, …

➡ 3과 4의 공통인 배수: 12, 24, 36, …
　　　　　　　　　　　　↳ 공통인 배수 중 가장 작은 수

12, 24, 36, …은 3의 배수도 되고 4의 배수도 됩니다.

3과 4의 공통인 배수 12, 24, 36, …을 3과 4의 **공배수**라고 합니다.

공배수 중에서 가장 작은 수인 12를 3과 4의 **최소공배수**라고 합니다.

이때 두 수 3과 4의 공배수 12, 24, 36, …은 3과 4의 최소공배수인 12의 배수와 같습니다.

🖊 공배수와 최소공배수에 대하여 잘 기억해 두세요.

2와 3의 공배수는
6, 12, 18, …
이에요.

| 2의 배수 | 2, 4, **6**, 8, 10, **12**, 14, 16, **18**, 20, … |
| 3의 배수 | 3, **6**, 9, **12**, 15, **18**, 21, … |

공배수 중에서 가장
작은 수가 최소공배수예요.

두 수의 최소공배수를 구하는 방법을 알아볼까요?

30과 42의 최소공배수 구하기

방법1

$$30 = 2 \times 3 \times 5 \qquad 42 = 2 \times 3 \times 7$$
$$2 \times 3 \times 5 \times 7 = 210 \quad \Rightarrow \quad \text{30과 42의} \quad \boxed{최소공배수}$$

➡ 여러 수의 곱으로 나타낸 곱셈식에서 공통으로 들어 있는 곱셈식 과 남은 수를 모두 곱하여 최소공배수를 구합니다.

방법2

```
2 ) 30    42
3 ) 15    21
     5     7
```
→ 1 이외의 공약수가 없습니다.

$$2 \times 3 \times 5 \times 7 = 210 \quad \Rightarrow \quad \text{30과 42의} \quad \boxed{최소공배수}$$

➡ 1 이외의 공약수가 없을 때까지 나눈 다음 나눈 공약수와 남은 수를 모두 곱하여 최소공배수를 구합니다.

✎ 최소공배수를 구하는 방법을 잘 기억해 두세요.

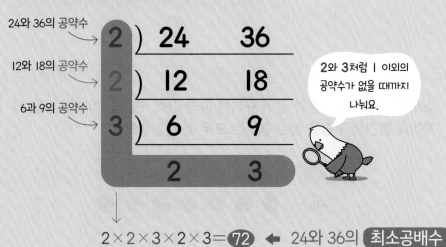

24와 36의 공약수

12와 18의 공약수

6과 9의 공약수

```
2 ) 24    36
2 ) 12    18
3 )  6     9
     2     3
```

2와 3처럼 1 이외의 공약수가 없을 때까지 나눠요.

$$2 \times 2 \times 3 \times 2 \times 3 = 72 \quad \Leftarrow \quad \text{24와 36의} \quad \boxed{최소공배수}$$

1 다음 중 63의 약수가 <u>아닌</u> 것을 모두 찾아 써 보세요.

| 1 | 2 | 3 | 7 | 8 | 9 | 15 | 21 | 63 |

(   )

2 어떤 수의 배수를 가장 작은 수부터 차례대로 쓴 것입니다. ☐ 안에 알맞은 수를 써넣으세요.

16, 32, 48, 64, ☐ , …

3 24와 90의 최대공약수와 최소공배수를 구하려고 합니다. ☐ 안에 알맞은 수를 써넣으세요.

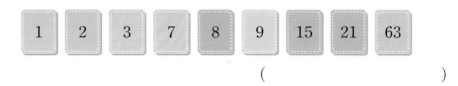

4 소희와 지민이가 다음과 같이 규칙에 따라 각각 구슬을 35개씩 놓을 때, 같은 자리에 빨간색 구슬을 놓는 경우는 모두 몇 번일까요?

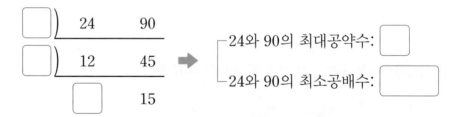

(   )번

9
약분과 통분

#약분 #기약분수 #통분
#분모가 다른 분수 #덧셈 #뺄셈

34
약분과 기약분수

•• 미술 시간에 길이가 같은 색 테이프로 미술 작품을 만들었어요. 현아는 색

테이프의 $\frac{1}{4}$만큼을, 민호는 $\frac{2}{8}$만큼을, 지윤이는 $\frac{3}{12}$만큼을 사용하여 만들었어요.

세 친구가 사용한 색 테이프의 길이를 비교해 볼까요?

세 친구가 사용한 색 테이프의 길이만큼을 색칠해 보면 다음과 같습니다.

현아	$\frac{1}{4}$
민호	$\frac{2}{8}$
지윤	$\frac{3}{12}$

사용한 길이가
같아요.

즉, 세 분수 $\frac{1}{4}$, $\frac{2}{8}$, $\frac{3}{12}$ 은 크기가 같은 분수입니다. ➡ $\frac{1}{4} = \frac{2}{8} = \frac{3}{12}$

🖊 크기가 같은 분수를 만드는 방법을 잘 기억해 두세요.

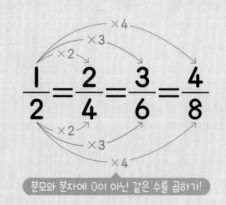

분모와 분자에 0이 아닌 같은 수를 곱하기!

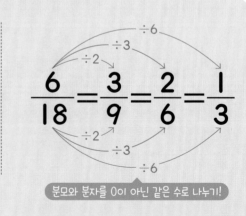

분모와 분자를 0이 아닌 같은 수로 나누기!

$\frac{30}{42}$의 분모와 분자를 작게 하여 크기가 같은 분수를 만들어 볼까요?

$\frac{30}{42}$의 분모와 분자를 작게 하려면 분모와 분자를 0이 아닌 같은 수로 나누어야

합니다.

이때 분모와 분자를 공통으로 나누려면 30과 42의 공약수로 나누어야 합니다.

$$\frac{30}{42} = \frac{30 \div 2}{42 \div 2} = \frac{15}{21} \qquad \frac{30}{42} = \frac{30 \div 6}{42 \div 6} = \frac{5}{7}$$

이와 같이 분모와 분자를 1이 아닌 공약수로 나누는 것을 약분한다고 합니다.

그럼, 이번에는 $\frac{8}{12}$을 더 이상 약분할 수 없을 때까지 약분해 볼까요?

$$\frac{8}{12} = \frac{8 \div 2}{12 \div 2} = \frac{4}{6} \quad \blacktriangleright \quad \frac{4}{6} = \frac{4 \div 2}{6 \div 2} = \boxed{\frac{2}{3}} \quad \leftarrow \text{분모와 분자의 공약수는 1입니다.}$$

이때 $\frac{2}{3}$처럼 더 이상 약분할 수 없는 분수를 기약분수라고 합니다.

기약분수는 분모와 분자의 공약수가 1뿐인 분수입니다.

어떤 분수를 기약분수로 나타내려면 분모와 분자의 공약수를 찾아 더 이상

약분할 수 없을 때까지 약분합니다.

말풍선: 약분은 이렇게 나타낼 수도 있어요. $\dfrac{\overset{5}{\cancel{30}}}{\underset{7}{\cancel{42}}} = \dfrac{5}{7}$

✏️ 분수를 약분하는 방법을 잘 기억해 두세요.

분모와 분자의 공약수가 1뿐이다.

$$\frac{\overset{12}{\cancel{24}}}{\underset{18}{\cancel{36}}} = \frac{\overset{6}{\cancel{12}}}{\underset{9}{\cancel{18}}} = \frac{\overset{2}{\cancel{6}}}{\underset{3}{\cancel{9}}} = \frac{2}{3}$$

기약분수

말풍선: 분모 36과 분자 24를 36과 24의 최대공약수인 12로 한 번에 나누어도 돼요.

35
통분

•• 어제는 하루의 $\dfrac{3}{8}$ 만큼 잠을 잤고, 오늘은

하루의 $\dfrac{2}{6}$ 만큼 잠을 잤어요. 어제와 오늘 중 언제

더 많이 잠을 잔 걸까요?

$\dfrac{3}{8}$ 과 $\dfrac{2}{8}$ 는 분모가 같으므로 두 분수의 크기를 쉽게 비교할 수 있어요.

그렇다면 분모가 다른 $\dfrac{3}{8}$ 과 $\dfrac{2}{6}$ 의 크기를 비교하려면 두 분수의 분모를 같게

만들어 보면 되겠네요.

$$\frac{3}{8}=\frac{3\times3}{8\times3}=\frac{9}{24} \qquad \frac{2}{6}=\frac{2\times4}{6\times4}=\frac{8}{24}$$

이와 같이 분모가 서로 다른 분수의 분모를 같게 하는 것을 **통분**한다고 합니다.
통분한 분모를 공통분모라 하고, 두 분수의 공통분모는 두 분모의 공배수입니다.

통분하는 방법에 대하여 알아볼까요?

방법1 두 분모의 곱을 공통분모로 하여 통분하기

$$\left(\frac{3}{4},\ \frac{5}{6}\right) \Rightarrow \left(\frac{3\times6}{4\times6},\ \frac{5\times4}{6\times4}\right) \Rightarrow \left(\frac{18}{24},\ \frac{20}{24}\right)$$

분모와 분자에 6을 곱함 ⤴   ⤴ 분모와 분자에 4를 곱함

4와 6의
최소공배수는
12예요.

방법2 두 분모의 최소공배수를 공통분모로 하여 통분하기

$$\left(\frac{3}{4},\ \frac{5}{6}\right) \Rightarrow \left(\frac{3\times3}{4\times3},\ \frac{5\times2}{6\times2}\right) \Rightarrow \left(\frac{9}{12},\ \frac{10}{12}\right)$$

분모가 12가 되도록 3을 곱함 ⤴   ⤴ 분모가 12가 되도록 2를 곱함

분모가 다른 분수의 크기를 비교하기 위해 통분을 이용해 볼까요?

분모가 다른 분수의 크기는 두 분수를 통분하여 분모를 같게 한 후 분자를 비교합니다.

$$\left(\frac{4}{5}, \frac{7}{9}\right) \Rightarrow \left(\frac{4\times9}{5\times9}, \frac{7\times5}{9\times5}\right) \Rightarrow \left(\frac{36}{45}, \frac{35}{45}\right) \Rightarrow \frac{4}{5} > \frac{7}{9}$$

분수와 소수의 크기는 분수를 소수로 나타내거나 소수를 분수로 나타내어 비교합니다.

방법1 분수를 소수로 나타내어 비교하기

$$\left(\frac{2}{5}, 0.5\right) \Rightarrow \left(\frac{4}{10}, 0.5\right) \Rightarrow (0.4, 0.5) \Rightarrow \frac{2}{5} < 0.5$$

방법2 소수를 분수로 나타내어 비교하기

$$\left(\frac{2}{5}, 0.5\right) \Rightarrow \left(\frac{2}{5}, \frac{5}{10}\right) \Rightarrow \left(\frac{4}{10}, \frac{5}{10}\right) \Rightarrow \frac{2}{5} < 0.5$$

> 분수의 분모를 10, 100, 1000으로 만들면 소수로 나타낼 수 있어요.

✏️ **분모가 다른 분수의 크기를 비교하는 방법을 잘 기억해 두세요.**

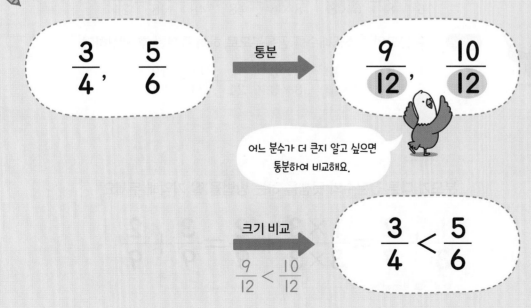

36
분모가 다른 분수의 덧셈

●● 분모가 다른 분수를 통분하는 방법을 배웠으니 이제 분모가 다른 분수끼리의 덧셈도 할 수 있어요.

그림을 이용하여 계산하기 $\dfrac{1}{4}+\dfrac{2}{3}$ 를 계산하기

$\dfrac{1}{4}$ ⬜ $\dfrac{2}{3}$

$$\dfrac{1}{4}+\dfrac{2}{3}=\dfrac{3}{12}+\dfrac{8}{12}=\dfrac{11}{12}$$

두 가지 방법으로 계산하기 $\dfrac{1}{6}+\dfrac{5}{8}$ 를 계산하기

두 분수를 통분한 후 분모는 그대로 두고 분자끼리 더합니다.

방법1 은 공통분모를 구하기 쉽고
방법2 는 분자끼리의 덧셈이 쉬워요.

방법1 　두 분모의 곱을 공통분모로 하여 통분한 후 계산하기

$$\dfrac{1}{6}+\dfrac{5}{8}=\dfrac{1\times8}{6\times8}+\dfrac{5\times6}{8\times6}=\dfrac{8}{48}+\dfrac{30}{48}=\dfrac{\overset{19}{\cancel{38}}}{\underset{24}{\cancel{48}}}=\dfrac{19}{24}$$

방법2 　두 분모의 최소공배수를 공통분모로 하여 통분한 후 계산하기

$$\dfrac{1}{6}+\dfrac{5}{8}=\dfrac{1\times4}{6\times4}+\dfrac{5\times3}{8\times3}=\dfrac{4}{24}+\dfrac{15}{24}=\dfrac{19}{24}$$

✏️ 분모가 다른 진분수의 덧셈을 하는 방법을 잘 기억해 두세요.

$$\dfrac{1}{3}+\dfrac{2}{9}=\dfrac{1\times3}{3\times3}+\dfrac{2}{9}=\dfrac{3}{9}+\dfrac{2}{9}$$

분모를 9로 통분하기

받아올림이 있는 경우에도 같은 방법으로 계산할 수 있습니다.

$$\frac{3}{4}+\frac{5}{6}$$

방법1
$$=\frac{3\times6}{4\times6}+\frac{5\times4}{6\times4}=\frac{18}{24}+\frac{20}{24}=\frac{38}{24}=1\frac{14}{24}=1\frac{7}{12}$$

→ 가분수를 대분수로 나타내기

방법2
$$=\frac{3\times3}{4\times3}+\frac{5\times2}{6\times2}=\frac{9}{12}+\frac{10}{12}=\frac{19}{12}=1\frac{7}{12}$$

대분수끼리의 덧셈에서도 통분하여 계산하는 방법은 같습니다.

다만 대분수의 덧셈은 자연수 부분끼리 더하고, 진분수 부분끼리 더하여 계산

하거나 대분수를 가분수로 바꾸어 계산할 수 있습니다.

방법1
$$1\frac{3}{4}+1\frac{2}{3}$$
$$=1\frac{9}{12}+1\frac{8}{12}$$
$$=(1+1)+\left(\frac{9}{12}+\frac{8}{12}\right)$$
$$=2+\frac{17}{12}=2+1\frac{5}{12}=3\frac{5}{12}$$

방법2
$$1\frac{3}{4}+1\frac{2}{3}$$
$$=\frac{7}{4}+\frac{5}{3}$$
$$=\frac{21}{12}+\frac{20}{12}$$
$$=\frac{41}{12}=3\frac{5}{12}$$

방법1 은 분수 부분의 계산이 편리하고, 방법2 는 자연수 부분과 분수 부분을 따로 떼어 계산하지 않아도 돼요.

✎ 분모가 다른 대분수의 덧셈을 하는 방법을 잘 기억해 두세요.

자연수끼리 더하기

$$2\frac{1}{2}+1\frac{2}{3}=(2+1)+\left(\frac{3}{6}+\frac{4}{6}\right)$$

분수끼리 통분하여 더하기

37

분모가 다른 분수의 뺄셈

•• 분모가 다른 분수끼리의 뺄셈을 해 볼까요?

그림을 이용하여 계산하기 $\dfrac{5}{6} - \dfrac{3}{4}$ 을 계산하기

$\dfrac{5}{6}$

$\dfrac{3}{4}$

$$\dfrac{5}{6} - \dfrac{3}{4} = \dfrac{10}{12} - \dfrac{9}{12} = \dfrac{1}{12}$$

두 가지 방법으로 계산하기 $\dfrac{7}{8} - \dfrac{5}{6}$ 를 계산하기

두 분수를 통분한 후 분모는 그대로 두고 분자끼리 뺍니다.

 방법1 두 분모의 곱을 공통분모로 하여 통분한 후 계산하기

$$\dfrac{7}{8} - \dfrac{5}{6} = \dfrac{7 \times 6}{8 \times 6} - \dfrac{5 \times 8}{6 \times 8} = \dfrac{42}{48} - \dfrac{40}{48} = \dfrac{2}{48} = \dfrac{1}{24}$$

> **방법1**은 공통분모를 구하기 쉽고, **방법2**는 분자끼리의 뺄셈이 쉬워요.

방법2 두 분모의 최소공배수를 공통분모로 하여 통분한 후 계산하기

$$\dfrac{7}{8} - \dfrac{5}{6} = \dfrac{7 \times 3}{8 \times 3} - \dfrac{5 \times 4}{6 \times 4} = \dfrac{21}{24} - \dfrac{20}{24} = \dfrac{1}{24}$$

✏️ 분모가 다른 진분수의 뺄셈을 하는 방법을 잘 기억해 두세요.

$$\dfrac{1}{2} - \dfrac{3}{8} = \dfrac{1 \times 4}{2 \times 4} - \dfrac{3}{8} = \dfrac{4}{8} - \dfrac{3}{8}$$

분모를 8로 통분하기

대분수끼리의 뺄셈에서도 통분하여 계산하는 방법은 같습니다.

다만 대분수의 뺄셈은 자연수 부분끼리 빼고, 진분수 부분끼리 빼서 계산하

거나 대분수를 가분수로 바꾸어 계산할 수 있습니다.

방법1

$$3\frac{2}{5} - 1\frac{1}{2}$$

$$= 3\frac{4}{10} - 1\frac{5}{10} = 2\frac{14}{10} - 1\frac{5}{10}$$

자연수 부분에서 1을 받아내림

$$= (2-1) + \left(\frac{14}{10} - \frac{5}{10}\right)$$

$$= 1 + \frac{9}{10} = 1\frac{9}{10}$$

방법2

$$3\frac{2}{5} - 1\frac{1}{2}$$

$$= \frac{17}{5} - \frac{3}{2}$$

$$= \frac{34}{10} - \frac{15}{10}$$

$$= \frac{19}{10} = 1\frac{9}{10}$$

방법1 은 분수 부분의 계산이 편리하고, 방법2 는 자연수 부분과 분수 부분을 따로 떼거나 받아내림을 하지 않고 계산할 수 있어요.

✏️ 분모가 다른 대분수의 뺄셈을 하는 방법을 잘 기억해 두세요.

$$3\frac{4}{12} - 1\frac{9}{12}$$

통분한 분수끼리 빼기

$$3\frac{1}{3} - 1\frac{3}{4} = 2\frac{16}{12} - 1\frac{9}{12}$$

자연수끼리 빼기

$$= (2-1) + \left(\frac{16}{12} - \frac{9}{12}\right)$$

1 <u>보기</u>와 같은 방법으로 약분하여 $\dfrac{14}{42}$ 를 기약분수로 나타내 보세요.

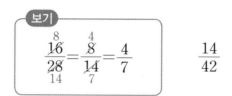

$$\dfrac{\overset{8}{\cancel{16}}}{\underset{14}{\cancel{28}}} = \dfrac{\overset{4}{\cancel{8}}}{\underset{7}{\cancel{14}}} = \dfrac{4}{7} \qquad \dfrac{14}{42}$$

2 분모의 최소공배수를 공통분모로 하여 통분해 보세요.

$$\left(\dfrac{7}{12}, \dfrac{5}{9} \right)$$

(,   )

3 세 분수 $\dfrac{3}{8}$, $\dfrac{1}{5}$, $\dfrac{1}{3}$ 의 크기를 비교한 뒤 가장 큰 수를 구해 보세요.

$$\left(\dfrac{3}{8}, \dfrac{1}{5} \right) \rightarrow \left(\dfrac{\boxed{}}{40}, \dfrac{\boxed{}}{40} \right) \rightarrow \dfrac{3}{8} \bigcirc \dfrac{1}{5}$$

$$\left(\dfrac{1}{5}, \dfrac{1}{3} \right) \rightarrow \left(\dfrac{\boxed{}}{15}, \dfrac{\boxed{}}{15} \right) \rightarrow \dfrac{1}{5} \bigcirc \dfrac{1}{3}$$

$$\left(\dfrac{3}{8}, \dfrac{1}{3} \right) \rightarrow \left(\dfrac{\boxed{}}{24}, \dfrac{\boxed{}}{24} \right) \rightarrow \dfrac{3}{8} \bigcirc \dfrac{1}{3}$$

(   )

4 두 막대의 길이의 합과 차는 각각 몇 cm일까요?

$7\dfrac{5}{6}$ cm ▬▬▬▬▬▬▬▬▬   ▬▬▬ $3\dfrac{3}{10}$ cm

합 (   ) cm, 차 (   ) cm

10
분수의 곱셈과 나눗셈

#분수의 곱셈 #대분수는 가분수로
#분수의 나눗셈
#분모가 같으면 분자끼리 나누기
#분모가 다르면 나눗셈을 곱셈으로 바꾸기

38

분수의 곱셈

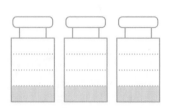

●● 주스가 $\frac{1}{4}$씩 담긴 똑같은 병이 3개 있습니다.

주스를 모두 모으면 한 병의 얼마만큼일까요?

$\frac{1}{4}$씩 3번 더하는 것은 $\frac{1}{4} \times 3$과 같습니다. ➡ $\frac{1}{4} + \frac{1}{4} + \frac{1}{4} = \frac{1}{4} \times 3$

이때 주스를 모두 모으면 한 병의 $\frac{3}{4}$이 됩니다. 따라서 $\frac{1}{4} \times 3 = \frac{3}{4}$입니다.

(진분수)×(자연수)는 분수의 분모는 그대로 두고 분수의 분자와 자연수를 곱합니다.

(자연수)×(진분수)도 분수의 분모는 그대로 두고 자연수와 분수의 분자를 곱합니다. 또, (대분수)×(자연수) 또는 (자연수)×(대분수)는 대분수를 가분수로 바꾸어 계산합니다.

진분수끼리의 곱셈은 분자는 분자끼리, 분모는 분모끼리 곱합니다.

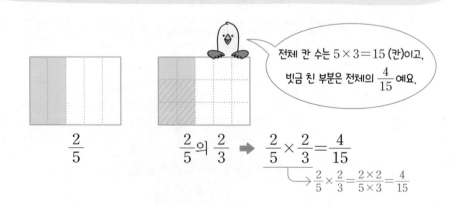

그렇다면 대분수끼리의 곱셈은 어떻게 할까요?

$2\frac{2}{5} \times 1\frac{3}{4}$ 을 계산해 봅시다.

방법1 대분수를 가분수로 바꾸어 계산하기

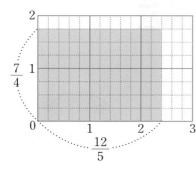

$$2\frac{2}{5} \times 1\frac{3}{4} = \frac{\overset{3}{\cancel{12}}}{5} \times \frac{7}{\underset{1}{\cancel{4}}} = \frac{21}{5} = 4\frac{1}{5}$$

방법2 대분수를 자연수와 진분수의 합으로 보고 계산하기 $\qquad$ $1\frac{3}{4}$ 을 1과 $\frac{3}{4}$ 의 합으로 보고 계산하기

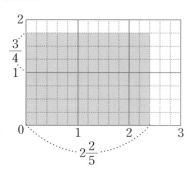

$$2\frac{2}{5} \times 1\frac{3}{4} = 2\frac{2}{5} \times 1 + 2\frac{2}{5} \times \frac{3}{4}$$

$$= 2\frac{2}{5} + \frac{\overset{3}{\cancel{12}}}{5} \times \frac{3}{\underset{1}{\cancel{4}}} = 2\frac{2}{5} + \frac{9}{5}$$

$$= 2\frac{2}{5} + 1\frac{4}{5} = 3\frac{6}{5} = 4\frac{1}{5}$$

$2\frac{\overset{1}{2}}{5} \times \frac{3}{\underset{2}{4}}$ 과 같이 대분수 상태에서 약분하지 않도록 주의해요.

✎ **여러 가지 분수의 곱셈의 계산 방법을 알아 두세요.**

분수가 들어간 모든 곱셈은 진분수나 가분수 형태로 바꾼 후 분자는 분자끼리, 분모는 분모끼리 곱합니다.

$$\boxed{2} \times \frac{4}{9} \times \frac{6}{7} = \boxed{\frac{2}{1}} \times \frac{4}{9} \times \frac{6}{7}$$

자연수를 분수로 나타내기

$\frac{2}{1} \times \frac{4}{\underset{3}{9}} \times \frac{\overset{2}{6}}{7} = \frac{16}{21}$ 처럼 곱하기 전에 약분하여 계산하면 편리해요.

$$= \frac{2 \times 4 \times \overset{2}{\cancel{6}}}{1 \times \underset{3}{\cancel{9}} \times 7} = \frac{16}{21}$$

39

(자연수)÷(자연수)의 몫을 분수로 나타내기

●● 쿠키 3개를 4명이 똑같이 나누어 먹으려고 합니다.
한 명이 먹을 수 있는 쿠키의 양을 어떻게 구할 수 있을까요?

원 1개를 똑같이 4로 나누어 1÷4의 몫을 그림으로 나타내면 다음과 같습니다.

$1÷\blacksquare = \dfrac{1}{\blacksquare}$ 즉, 1÷4의 몫을 분수로 나타내면 $\dfrac{1}{4}$입니다.

이때 원 3개를 각각 똑같이 4로 나누어 3÷4의 몫을 그림으로 나타내면 다음과 같습니다.

따라서 3÷4는 $\dfrac{1}{4}$이 3개이므로 $\dfrac{3}{4}$입니다. 즉, 3÷4의 몫을 분수로 나타내면 $\dfrac{3}{4}$입니다.

(자연수)÷(자연수)의 몫은 나누어지는 수를 분자, 나누는 수를 분모로 하는 분수로 나타낼 수 있습니다.

이제 몫이 1보다 큰 4÷3의 몫을 분수로 나타내 볼까요?

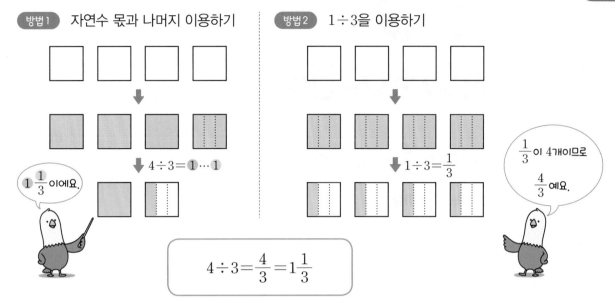

방법1 자연수 몫과 나머지 이용하기

$4÷3=\textbf{1}\cdots\textbf{1}$

$1\frac{1}{3}$ 이에요.

방법2 1÷3을 이용하기

$1÷3=\frac{1}{3}$

$\frac{1}{3}$ 이 4개이므로 $\frac{4}{3}$ 예요.

$$4÷3=\frac{4}{3}=1\frac{1}{3}$$

✏ (자연수)÷(자연수)를 분수의 곱셈으로 나타내어 계산하는 방법을 알아 두세요.

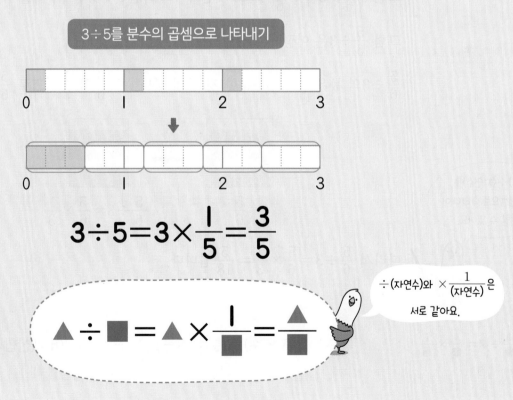

3÷5를 분수의 곱셈으로 나타내기

$$3÷5=3×\frac{1}{5}=\frac{3}{5}$$

$$▲÷■=▲×\frac{1}{■}=\frac{▲}{■}$$

÷(자연수)와 ×$\frac{1}{(자연수)}$ 은 서로 같아요.

40 (분수) ÷ (자연수)

●● 색 테이프 $\frac{4}{5}$ m를 똑같이 2도막으로 나누어 볼까요?

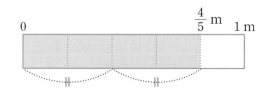

$\frac{4}{5}$ 는 $\frac{1}{5}$ 이 4개인 것을 생각하면서 $\frac{4}{5} \div 2$ 를 계산해 봅시다.

$4 \div 2 = 2$ 이므로 $\frac{4}{5} \div 2 = \frac{4 \div 2}{5} = \frac{2}{5}$ 입니다.

이번에는 $\frac{5}{6} \div 3$ 을 계산해 봅시다.

그런데 $\frac{5}{6} \div 3$ 을 $\frac{5 \div 3}{6}$ 으로 계산하려고 하면 $5 \div 3$ 이 나누어떨어지지 않습니다.

그럼 $\frac{5}{6} \div 3$ 은 어떻게 계산할까요?

$\frac{5}{6} \div 3$ 의 몫은 $\frac{5}{6}$ 를 3등분한 것 중의 하나, 즉 $\frac{5}{6}$ 의 $\frac{1}{3}$ 이므로 $\frac{5}{6} \times \frac{1}{3}$ 입니다.

$\frac{5}{6}$

$\div 3$

$\frac{5}{6} \div 3 = \frac{5}{6} \times \frac{1}{3}$

따라서 $\frac{5}{6} \div 3 = \frac{5}{6} \times \frac{1}{3} = \frac{5}{18}$ 입니다.

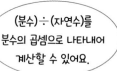

$\frac{\blacktriangle}{\bullet} \div \blacksquare = \frac{\blacktriangle}{\bullet} \times \frac{1}{\blacksquare}$

(분수) ÷ (자연수)를 (분수) × $\dfrac{1}{(자연수)}$ 로 바꾸어 계산합니다.

(대분수)÷(자연수)의 계산 방법도 알아볼까요?

> **(대분수)÷(자연수)의 계산 방법**
> ❶ 대분수를 가분수로 바꿉니다.
> ❷ 분자가 자연수로 나누어떨어지면 분자를 자연수로 나누어 계산합니다.
> ❸ 분자가 자연수로 나누어떨어지지 않으면 분수의 곱셈으로 나타내어 계산합니다.

$$1\frac{3}{5} \div 2 = \frac{8}{5} \div 2 = \frac{8 \div 2}{5} = \frac{4}{5}$$

　　　대분수를 가분수로　　　분자를 자연수로 나누기

$$2\frac{1}{3} \div 4 = \frac{7}{3} \div 4 = \frac{7}{3} \times \frac{1}{4} = \frac{7}{12}$$

　　　대분수를 가분수로　　나눗셈을 곱셈으로

✏️ (대분수)÷(자연수)를 계산하는 방법을 잘 기억해 두세요.

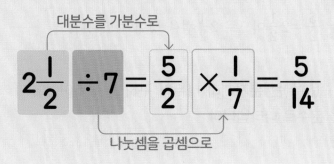

대분수를 가분수로

$$2\frac{1}{2} \div 7 = \frac{5}{2} \times \frac{1}{7} = \frac{5}{14}$$

나눗셈을 곱셈으로

÷(자연수)를 $\times \frac{1}{(자연수)}$ 로 바꾸어 계산해요.

41

(분수)÷(분수) ⑴

•• 물 $\frac{6}{7}$ L를 한 병에 $\frac{2}{7}$ L씩 나누어 담을 때, 몇 병이 필요한지 알아볼까요?

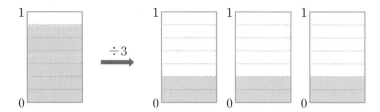

$6÷2=3$이므로 $\frac{6}{7}$에서 $\frac{2}{7}$를 3번 덜어 낼 수 있습니다.

따라서 $\frac{6}{7}÷\frac{2}{7}=6÷2=3$이므로 병 3개가 필요합니다.

병에 물 $\frac{5}{7}$ L를 넣어야 한다면 $\frac{2}{7}$ L를 담을 수 있는 컵으로 몇 컵을 넣어야 할까요?

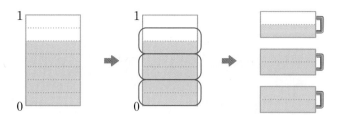

$\frac{5}{7}÷\frac{2}{7}$는 $5÷2$의 결과와 같습니다.

따라서 $\frac{5}{7}÷\frac{2}{7}=5÷2=\frac{5}{2}=2\frac{1}{2}$이므로 $2\frac{1}{2}$컵을 넣어야 합니다.

분모가 같은 (분수)÷(분수)는 분자끼리 나누어 구하고, 나누어떨어지지 않을 때에는 몫을 분수로 나타냅니다.

이번에는 분모가 다른 $\frac{3}{4} \div \frac{2}{3}$의 계산 방법을 알아볼까요?

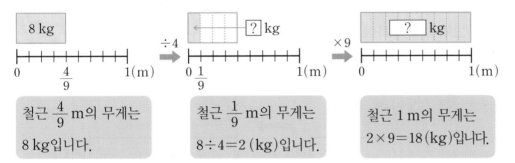

분자끼리 나누기

$$\frac{3}{4} \div \frac{2}{3} = \frac{9}{12} \div \frac{8}{12} = 9 \div 8 = \frac{9}{8} = 1\frac{1}{8}$$

통분하기

> 분모가 다른 (분수)÷(분수)는 **통분**하여 분자끼리 나누어 구합니다.

굵기가 일정한 철근 $\frac{4}{9}$ m의 무게가 8 kg일 때, 철근 1 m의 무게를 구해 볼까요?

철근 1 m의 무게를 구하는 식은 $8 \div \frac{4}{9}$입니다.

8 kg		

철근 $\frac{4}{9}$ m의 무게는 8 kg입니다.

÷4 → ? kg

철근 $\frac{1}{9}$ m의 무게는 $8 \div 4 = 2$ (kg)입니다.

×9 → ? kg

철근 1 m의 무게는 $2 \times 9 = 18$ (kg)입니다.

> 철근 2 m의 무게가 8 kg일 때, 철근 1 m의 무게를 구하는 식은 $8 \div 2$임을 이용하면 이해하기 쉬워요.

➡ $8 \div \frac{4}{9} = 8 \div 4 \times 9 = 18$ (kg)

✎ 분모가 같은 (분수)÷(분수)를 계산하는 방법을 잘 기억해 두세요.

분자끼리 나누기

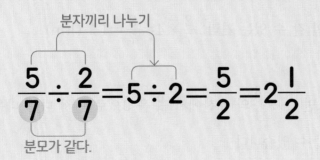

$$\frac{5}{7} \div \frac{2}{7} = 5 \div 2 = \frac{5}{2} = 2\frac{1}{2}$$

분모가 같다.

> 분모가 다를 때에는 통분하여 분모를 같게 만들어요.

10. 분수의 곱셈과 나눗셈 **113**

42

(분수)÷(분수) (2)

•• 민지는 반려견과 함께 산책을 하고 있습니다.

$\frac{6}{7}$ km를 가는 데 $\frac{3}{4}$ 시간이 걸린다면 같은 빠르기로 1시간 동안 갈 수 있는 거리를 알아볼까요?

$\frac{6}{7}$ km를 가는 데 2시간이 걸릴 때, 1시간 동안 갈 수 있는 거리를 구하는 식은 $\frac{6}{7} \div 2$임을 이용하면 이해하기 쉬워요.

1시간 동안 갈 수 있는 거리를 구하는 식은 $\frac{6}{7} \div \frac{3}{4}$입니다.

우선 그림을 이용하여 $\frac{1}{4}$ 시간 동안 갈 수 있는 거리를 구해 봅시다.

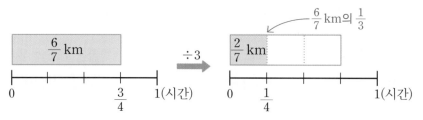

➡ $\frac{1}{4}$ 시간 동안 갈 수 있는 거리: $\frac{6}{7} \div 3 = \frac{\overset{2}{\cancel{6}}}{7} \times \frac{1}{\underset{1}{\cancel{3}}} = \frac{2}{7}$ (km)

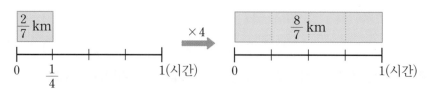

➡ 1시간 동안 갈 수 있는 거리: $\frac{2}{7} \times 4 = \frac{8}{7} = 1\frac{1}{7}$ (km)

위의 과정을 보면 $\frac{6}{7} \div \frac{3}{4}$의 계산에서 $\frac{6}{7}$을 3으로 먼저 나눈 다음 4를 곱하여 구한 것을 알 수 있습니다.

나눗셈을 곱셈으로 바꾸기

$$\text{(분수)}÷\text{(분수)} \quad \frac{6}{7} ÷ \frac{3}{4} = \frac{6}{7} ÷ 3 × 4 = \frac{6}{7} × \frac{1}{3} × 4 = \frac{6}{7} \otimes \frac{4}{3} \quad \text{(분수)}×\text{(분수)}$$

분모와 분자를 바꾸기

(분수)÷(분수)는 분수의 곱셈으로 나타내어 계산합니다.

이제 대분수의 나눗셈을 해 볼까요?

$4\frac{1}{5} ÷ \frac{3}{4}$의 계산을 해 봅시다.

대분수를 가분수로 나타내어 계산해요!

방법 1 통분하여 분자끼리 나누기

$$4\frac{1}{5} ÷ \frac{3}{4} = \frac{21}{5} ÷ \frac{3}{4} = \frac{84}{20} ÷ \frac{15}{20} = 84 ÷ 15 = \frac{84}{15} = \frac{28}{5} = 5\frac{3}{5}$$

방법 2 분수의 곱셈으로 나타내어 계산하기

$$4\frac{1}{5} ÷ \frac{3}{4} = \frac{21}{5} ÷ \frac{3}{4} = \frac{\overset{7}{21}}{5} × \frac{4}{\underset{1}{3}} = \frac{28}{5} = 5\frac{3}{5}$$

✏️ (분수)÷(분수)를 분수의 곱셈으로 나타내어 계산하는 방법을 잘 기억해 두세요.

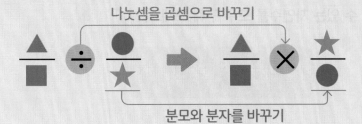

나눗셈을 곱셈으로 바꾸기

분모와 분자를 바꾸기

나눗셈을 곱셈으로 바꾸면 나누는 분수의 분모와 분자의 자리도 바꾸어야 해요.

1 계산 결과를 찾아 선으로 이어 보세요.

$\dfrac{11}{12} \times 4$ •

$1\dfrac{5}{9} \times 5$ •

$2 \times 2\dfrac{2}{3}$ •

• $7\dfrac{7}{9}$

• $5\dfrac{1}{3}$

• $3\dfrac{2}{3}$

2 계산 결과를 비교하여 ◯ 안에 >, =, <를 알맞게 써넣으세요.

$$5\dfrac{1}{4} \times 1\dfrac{3}{7} \quad \bigcirc \quad 3\dfrac{1}{3} \times 2\dfrac{3}{5}$$

3 설탕 7 kg을 상자 4개에 똑같이 나누어 담았습니다. 한 상자에 몇 kg씩 담았을까요?

(   ) kg

4 잘못된 곳을 찾아 바르게 고쳐 계산해 보세요.

$$1\dfrac{6}{7} \div 3 = 1\dfrac{\overset{2}{\cancel{6}}}{7} \times \dfrac{1}{\underset{1}{\cancel{3}}} = 1\dfrac{2}{7} \quad \Longrightarrow \quad 1\dfrac{6}{7} \div 3 \underline{\hspace{5cm}}$$

5 ☐ 안에 들어갈 수 있는 자연수를 모두 구해 보세요.

$$2\dfrac{2}{3} \div \dfrac{5}{6} > \square$$

(   )

11

소수의 곱셈과 나눗셈

#1보다 작은 소수 #1보다 큰 소수
#소수를 분수로 #몫의 소수점 위치
#몫을 반올림하기

43

(소수) × (자연수)

●● 쿠키를 만들기 위해 우유와 밀가루를 사용했습니다. 사용한 양은 요리법에 적힌 만큼입니다. 사용한 우유는 몇 L인지 구해 볼까요?

RECIPE
우유
0.8 L씩 4컵
밀가루
0.7 kg씩 9컵

MILK

사용한 우유의 양을 구하는 식은 0.8 × 4입니다.

0.8 × 4를 0.1의 개수로 계산할 수 있습니다.

0.8은 0.1이 8개이고, 0.8 × 4는 0.1이 8개씩 4묶음이므로 0.1이 모두 8 × 4 = 32(개)입니다.

$$0.8 \times 4 = 0.1 \times 8 \times 4 = 0.1 \times 32$$

이때 0.1이 32개이면 3.2이므로 0.8 × 4 = 3.2입니다.

0.8 × 4를 다른 방법으로도 계산해 볼까요?

방법1 분수의 곱셈으로 계산하기

$$0.8 \times 4 = \frac{8}{10} \times 4 = \frac{8 \times 4}{10} = \frac{32}{10} = 3.2$$

방법2 8 × 4를 이용하여 계산하기

8 × 4 = 32이고 0.8은 8의 $\frac{1}{10}$배이므로

0.8 × 4는 32의 $\frac{1}{10}$배인 3.2입니다.

(소수) × (자연수)에서 소수가 1보다 큰 소수, 소수 두 자리 수, 소수 세 자리 수 등일 때에도 계산 방법은 같아요.

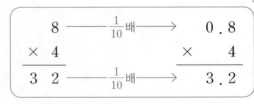

$$
\begin{array}{r}
8 \\
\times\ 4 \\
\hline
3\ 2
\end{array}
\xrightarrow[\ \ \frac{1}{10}\text{배}\ \ ]{}
\begin{array}{r}
0\,.\,8 \\
\times\quad 4 \\
\hline
3\,.\,2
\end{array}
$$

곱해지는 수가 $\frac{1}{10}$ 배가 되면 계산 결과는 $\frac{1}{10}$ 배가 돼요.

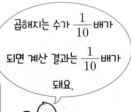

이번에는 2×1.24를 계산해 볼까요?

방법1 분수의 곱셈으로 계산하기

$$2 \times 1.24 = 2 \times \frac{124}{100} = \frac{2 \times 124}{100} = \frac{248}{100} = 2.48$$

방법2 2×124를 이용하여 계산하기

$2 \times 124 = 248$이고 1.24는 124의 $\frac{1}{100}$배이므로

2×1.24는 248의 $\frac{1}{100}$배인 2.48입니다.

$$
\begin{array}{r}
2 \\
\times\ 1\ 2\ 4 \\
\hline
2\ 4\ 8
\end{array}
\ \ \xrightarrow{\frac{1}{100}\text{배}}\ \
\begin{array}{r}
2 \\
\times\ 1\,.\,2\ 4 \\
\hline
2\,.\,4\ 8
\end{array}
$$

곱하는 수가 $\frac{1}{100}$배가 되면 계산 결과는 $\frac{1}{100}$배가 돼요.

✏️ 세로로 나타내어 (소수)×(자연수), (자연수)×(소수)를 계산하는 방법을 알아 두세요.

(소수)×(자연수)

→ 먼저 두 자연수의 곱 $8 \times 4 = 32$를 구합니다.

$$
\begin{array}{r}
0.8 \\
\times\ \ \ 4 \\
\hline
3.2
\end{array}
$$

↑ 곱해지는 수 0.8의 소수점 위치에 맞추어 곱의 결과에 소수점을 찍습니다.

(자연수)×(소수)

→ 먼저 두 자연수의 곱 $2 \times 124 = 248$을 구합니다.

$$
\begin{array}{r}
2 \\
\times\ 1.2\ 4 \\
\hline
2.4\ 8
\end{array}
$$

↑ 곱하는 수 1.24의 소수점 위치에 맞추어 곱의 결과에 소수점을 찍습니다.

44

(소수) × (소수)

●● 모눈종이를 이용하여 0.7 × 0.8을 알아볼까요?

전체 넓이가 1이므로 모눈 한 칸의 넓이는 0.01입니다.

한 변이 1인 정사각형을 똑같이 100칸으로 나눈 모눈종이가 있습니다.

여기에 가로 7칸, 세로 8칸인 직사각형 모양으로 색칠하면 모눈 56칸이 색칠됩니다.

모눈 한 칸의 넓이가 0.01이고 56칸을 색칠했으므로 색칠한 직사각형의 넓이는 0.56입니다.

따라서 0.7 × 0.8 = 0.56입니다.

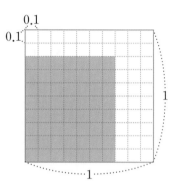

0.7 × 0.8을 다른 방법으로도 계산해 볼까요?

방법1 분수의 곱셈으로 계산하기

$$0.7 \times 0.8 = \frac{7}{10} \times \frac{8}{10} = \frac{7 \times 8}{10 \times 10} = \frac{56}{100} = 0.56$$

방법2 7 × 8을 이용하여 계산하기

7 × 8 = 56이고 0.7과 0.8은 각각 7과 8의 $\frac{1}{10}$배이므로

0.7 × 0.8은 56의 $\frac{1}{100}$배인 0.56입니다.

$$
\begin{array}{rcl}
7 & \xrightarrow{\frac{1}{10}\text{배}} & 0.7 \\
\times\ 8 & \xrightarrow{\frac{1}{10}\text{배}} & \times\ 0.8 \\
\hline
5\ 6 & \xrightarrow{\frac{1}{100}\text{배}} & 0.5\ 6
\end{array}
$$
$\frac{1}{10} \times \frac{1}{10}$배

이번에는 5.4×1.32를 계산해 볼까요?

방법 1 분수의 곱셈으로 계산하기

$$5.4 \times 1.32 = \frac{54}{10} \times \frac{132}{100} = \frac{54 \times 132}{10 \times 100} = \frac{7128}{1000} = 7.128$$

방법 2 54×132를 이용하여 계산하기

$54 \times 132 = 7128$이고 5.4는 54의 $\frac{1}{10}$배, 1.32는 132의 $\frac{1}{100}$배이

므로 5.4×1.32는 7128의 $\frac{1}{1000}$배인 7.128입니다.

$$
\begin{array}{cccc}
& 5 & 4 & \xrightarrow{\frac{1}{10}\text{배}} & 5 \,.\, 4 \\
\times & 1 \; 3 & 2 & \xrightarrow{\frac{1}{100}\text{배}} & \times \; 1 \,.\, 3 \; 2 \\
\hline
7 \; 1 & 2 & 8 & \xrightarrow{\frac{1}{1000}\text{배}} & 7 \,.\, 1 \; 2 \; 8 \\
\end{array}
$$
$\frac{1}{10} \times \frac{1}{100}$배

✏️ 세로로 나타내어 (소수)×(소수)를 계산하는 방법을 알아 두세요.

먼저 두 자연수의 곱
$7 \times 8 = 56$을 구합니다.

$$
\begin{array}{r}
0.7 \\
\times \; 0.8 \\
\hline
0.56
\end{array}
$$

$\leftarrow 7 \times \frac{1}{10}$

$\leftarrow 8 \times \frac{1}{10}$ 곱

$\leftarrow 56 \times \frac{1}{100}$

먼저 두 자연수의 곱
$54 \times 132 = 7128$을 구합니다.

$$
\begin{array}{r}
5.4 \\
\times \; 1.32 \\
\hline
7.128
\end{array}
$$

$\leftarrow 54 \times \frac{1}{10}$

$\leftarrow 132 \times \frac{1}{100}$ 곱

$\leftarrow 7128 \times \frac{1}{1000}$

45
곱의 소수점 위치

●● 곱의 소수점 위치에서 규칙을 찾아볼까요?

곱의 소수점을 옮길 자리가 없으면 0을 채워요.

$7.46 \times 1 = 7.46$
$7.46 \times 10 = 74.6$
$7.46 \times 100 = 746$
$7.46 \times 1000 = 7460$

➡ 규칙 곱하는 수가 10배 될 때마다 곱의 소수점 위치가 오른쪽으로 한 자리씩 옮겨집니다.

$746 \times 1 = 746$
$746 \times 0.1 = 74.6$
$746 \times 0.01 = 7.46$
$746 \times 0.001 = 0.746$

➡ 규칙 곱하는 수가 $\frac{1}{10}$배 될 때마다 곱의 소수점 위치가 왼쪽으로 한 자리씩 옮겨집니다.

$37 \times 45 = 1665$
$3.7 \times 4.5 = 16.65$
$3.7 \times 0.45 = 1.665$
$0.37 \times 0.45 = 0.1665$

➡ 규칙 자연수끼리 계산한 결과에 곱하는 두 수의 소수점 아래 자리 수를 더한 것만큼 소수점이 왼쪽으로 옮겨집니다.

곱하는 두 수의 소수점 아래 자리 수를 더한 것과 곱의 소수점 아래 자리 수가 같아요.

 소수끼리의 곱셈에서 곱의 소수점 위치를 잘 기억해 두세요.

$3.7 \times 0.45 = 1.665$

소수점 아래 한 자리   소수점 아래 두 자리   소수점 아래 세 자리

개념을 Go.Go! 확인해 보자

정답 및 풀이
292쪽

1 $78 \times 8 = 624$를 이용하여 계산해 보세요.

$$0.78 \times 8$$

(   )

2 마름모의 둘레는 몇 cm인가요?

(   ) cm

6.7 cm

3 계산 결과가 큰 것부터 차례대로 ◯ 안에 1, 2, 3을 써넣으세요.

2.1×1.5 4.5×0.6 2.4×1.2

4 선물을 포장하는 데 다음과 같이 리본을 사용했습니다. 어느 색 리본을 몇 m 더 많이 사용했나요?

> 빨간색 리본: 8 m의 0.1만큼
> 파란색 리본: 15 m의 0.01만큼

(   )색 리본, (   ) m

5 ㉠과 ㉡에 알맞은 수의 곱을 구해 보세요.

> $45.79 \times 10 = ㉠$ $76530 \times ㉡ = 765.3$

(   )

46

(소수)÷(자연수)

●● 45.2÷4를 계산해 볼까요?

방법1 분수의 나눗셈으로 계산하기

$$45.2 \div 4 = \frac{452}{10} \div 4 = \frac{\overset{113}{\cancel{452}}}{10} \times \frac{1}{\underset{1}{\cancel{4}}} = \frac{113}{10} = 11.3$$

방법2 452÷4를 이용하여 계산하기

452÷4＝113이고 45.2는 452의 $\frac{1}{10}$배이므로 45.2÷4의 몫은

113의 $\frac{1}{10}$배인 11.3입니다.

$$452 \div 4 = 113 \xrightarrow{\frac{1}{10}\text{배}} 45.2 \div 4 = 11.3$$

이번에는 6.7÷2를 계산해 볼까요?

방법1 분수의 나눗셈으로 계산하기

$$6.7 \div 2 = \frac{67}{10} \div 2 = \frac{67}{10} \times \frac{1}{2} = \frac{67}{20} = \frac{335}{100} = 3.35$$

방법2 670÷2를 이용하여 계산하기

67÷2는 나누어떨어지지 않기 때문에 나누어떨어지는 670÷2를 이용하여 계산했어요.

670÷2＝335이고 6.7은 670의 $\frac{1}{100}$배이므로 6.7÷2의 몫은

335의 $\frac{1}{100}$배인 3.35입니다.

$$670 \div 2 = 335 \xrightarrow{\frac{1}{100}\text{배}} 6.7 \div 2 = 3.35$$

✏️ 세로로 나타내어 (소수)÷(자연수)를 계산하는 방법을 알아 두세요.

❶ 각 자리에서 나누어떨어지지
않는 (소수)÷(자연수)

```
        1 1.3
   4 ) 4 5.2
       4
       ─────
         5
         4
       ─────
         1 2
         1 2
       ─────
           0
```

❷ 몫이 1보다 작은 소수인
(소수)÷(자연수)

몫이 1보다 작은 소수일 때
자연수 부분에 0을 씁니다.

```
        0.9 7
   2 ) 1.9 4
       1 8
       ─────
         1 4
         1 4
       ─────
           0
```

❸ 소수점 아래 0을 내려 계산
해야 하는 (소수)÷(자연수)

```
        3.3 5
   2 ) 6.7 0
       6
       ─────
         7
         6
       ─────
         1 0
         1 0
       ─────
           0
```

나누어지는 수의 소수 자리에서
나누어떨어지지 않을 때 소수점
아래 0을 내려 계산합니다.

❹ 몫의 소수점 아래에 0이 있는
(소수)÷(자연수)

수를 하나 내려도 나
누어야 할 수가 나누
는 수보다 작은 경우
에는 몫에 0을 쓰고
수를 하나 더 내려서
계산합니다.

```
        4.0 6
   4 ) 1 6.2 4
       1 6
       ─────
           2 4
           2 4
       ─────
             0
```

(소수)÷(자연수)는 자연수의
나눗셈과 같은 방법으로
계산한 후 몫의 소수점은
나누어지는 수의 소수점 위치에
맞추어 찍어요.

47
몫의 소수점 위치

분수를 분모가 10, 100, 1000인 분수로 바꾼 후 소수로 나타내어요.

•● 9÷4의 몫을 소수로 나타내 볼까요?

(자연수)÷(자연수)의 몫을 분수로 나타내는 방법은 배웠습니다. 이를 이용하면 9÷4의 몫을 분수로 나타낸 다음 소수로 나타낼 수 있습니다.

$$9÷4=\frac{9}{4}=\frac{225}{100}=2.25$$

또, 9÷4를 900÷4를 이용하여 계산해 볼까요?

900÷4=225이고 9는 900의 $\frac{1}{100}$배이므로 9÷4의 몫은 225의 $\frac{1}{100}$배인 2.25입니다.

$$900÷4=225 \qquad 9÷4=2.25$$

이번에는 세로로 나타내어 9÷4의 몫을 구해 볼까요?

나누어떨어지지 않으면 0을 내려서 계산하고 나누어지는 수의 소수점 위치에 맞추어 몫의 소수점을 찍습니다.

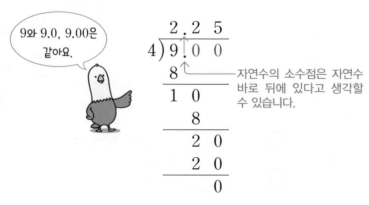

9와 9.0, 9.00은 같아요.

자연수의 소수점은 자연수 바로 뒤에 있다고 생각할 수 있습니다.

이제 어림셈을 이용하여 몫의 소수점 위치를 찾아볼까요?

소수의 나눗셈을 자연수의 나눗셈으로 어림하여 몫을 추측할 수 있습니다.

예를 들어 29.5÷5의 계산 결과는 0.59, 5.9, 59 중에서 무엇인지 생각해 봅시다.

❶ 우선 소수점 없이 자연수의 나눗셈으로 계산하면
   295÷5＝59입니다.
❷ 29.5를 30으로 어림해 보면 30÷5＝6입니다.
❸ 몫은 0.59, 5.9, 59 중에서 6으로 어림할 수 있는 5.9입니다.

이와 같이 소수의 나눗셈을 간단한 자연수의 나눗셈으로 어림하여 계산한 후 어림한 결과와 계산한 결과의 크기를 비교하여 올바른 소수점 위치를 찾을 수 있습니다.

✎ 어림셈을 이용하여 몫의 소수점 위치를 찾는 방법을 잘 기억해 두세요.

44.1÷6

어림 44÷6 ➡ 약 7

몫 7.3 5
  ↑

몫이 약 7이 되도록 7과 3 사이에 소수점을 찍어야 해요.

48

(소수)÷(소수)

•• 3.6÷0.6을 계산해 볼까요?

방법1 분수의 나눗셈으로 계산하기

$$3.6 \div 0.6 = \frac{36}{10} \div \frac{6}{10} = 36 \div 6 = 6$$

방법2 세로로 계산하기

| 3.6 | ÷ | 0.6 | = 6 |

10배   10배

| 36 | ÷ | 6 | = 6 |

나누는 수와 나누어지는 수에 같은 수를 곱하면 몫은 변하지 않기 때문에 몫이 6으로 같아요.

$$0.6)\overline{3.6} \implies 0.6)\overline{3.6} \implies 6)\overline{36}$$

소수점을 오른쪽으로 한 자리씩 옮겨서 계산합니다.

자릿수가 같은 소수의 나눗셈은 나누는 수와 나누어지는 수의 소수점을 똑같이 옮겨서 계산합니다.

이번에는 $4.56 \div 0.8$을 계산해 볼까요?

방법1　나누는 수와 나누어지는 수가 모두 자연수가 되도록 소수점을 옮겨서 세로로 계산하기

$$0.8)\overline{4.5\ 6} \implies 0.8_\curvearrowright 0)\overline{4.5_\curvearrowright 6} \implies 80)\overline{4\ 5\ 6\,|\,0}$$

오른쪽으로 소수점을
옮길 수 없으므로 0을
씁니다.

$$
\begin{array}{r}
5.7 \\
80)\overline{4\ 5\ 6\,|\,0} \\
4\ 0\ 0 \\ \hline
5\ 6\ 0 \\
5\ 6\ 0 \\ \hline
0
\end{array}
$$

몫을 쓸 때 옮긴
소수점의 위치에서
소수점을 찍어야
해요.

방법2　나누는 수가 자연수가 되도록 소수점을 옮겨서 세로로 계산하기

$$0.8)\overline{4.5\ 6} \implies 0.8_\curvearrowright)\overline{4.5_\curvearrowright 6} \implies 8)\overline{4\ 5\,|\,6}$$

$$
\begin{array}{r}
5.7 \\
8)\overline{4\ 5\,|\,6} \\
4\ 0 \\ \hline
5\ 6 \\
5\ 6 \\ \hline
0
\end{array}
$$

이제 $6 \div 0.5$도 계산해 볼까요?

$$0.5)\overline{6} \implies 0.5_\curvearrowright)\overline{6.0_\curvearrowright} \implies 5)\overline{6\ 0}$$

나누는 수가 자연
수가 되도록 소수
점을 옮깁니다.

6과 6.0은 같아요.

$$
\begin{array}{r}
1\ 2 \\
5)\overline{6\ 0} \\
5 \\ \hline
1\ 0 \\
1\ 0 \\ \hline
0
\end{array}
$$

✏️ 자릿수가 다른 소수의 나눗셈 방법을 잘 기억해 두세요.

몫의 소수점도
이 자리에 찍습니다.

$$3.7_\curvearrowright)\overline{9.2_\curvearrowright 5} \implies 37)\overline{9\ 2\,|\,5}$$

소수점을 똑같이 한 자리씩 옮깁니다.

49
몫을 반올림하여 나타내기

●● 나누어떨어지지 않는 나눗셈의 경우 몫을 어떻게 나타낼 수 있을까요?

$3.2 \div 0.7$을 계산해 보면 $4.571\cdots$과 같이 계속 나누어져서 몫을 정확히 구할 수 없습니다.

```
           4 . 5 7 1
  0.7 ) 3 . 2 0 0 0
         2 8
         ────────
           4 0
           3 5
           ────────
             5 0
             4 9
             ────────
               1 0
                 7
               ────────
                 3
```

힘들어!
나눗셈이
끝나질 않아.

이와 같이 몫이 간단한 소수로 구해지지 않을 경우 몫을 반올림하여 나타냅니다.

❶ 몫을 반올림하여 일의 자리까지 나타내기

$$3.2 \div 0.7 = 4.\overset{\curvearrowright}{5}\cdots \quad \Longrightarrow \quad 5$$
└→ 5이므로 올려요.

반올림이란 구하려는 자리 바로 아래 자리의 숫자가 0, 1, 2, 3, 4이면 버리고, 5, 6, 7, 8, 9이면 올려서 나타내는 방법이에요.

❷ 몫을 반올림하여 소수 첫째 자리까지 나타내기

$$3.2 \div 0.7 = 4.5\overset{\curvearrowright}{7}\cdots \quad \Longrightarrow \quad 4.6$$
└→ 7이므로 올려요.

❸ 몫을 반올림하여 소수 둘째 자리까지 나타내기

$$3.2 \div 0.7 = 4.57\cancel{1}\cdots \quad \Longrightarrow \quad 4.57$$
└→ 1이므로 버려요.

이제 나누어 주고 남는 양을 알아볼까요?

물 7.4 L를 한 사람에게 2 L씩 나누어 주려고 합니다. 나누어 줄 수 있는 사람의 수와 남는 물의 양을 구해 봅시다.

방법1 뺄셈식으로 알아보기

$$7.4-2-2-2=1.4 \rightarrow \text{남는 물의 양}$$

3번 → 나누어 줄 수 있는 사람 수

7.4에서 2를 3번 뺄 수 있으므로 3명에게 나누어 줄 수 있고, 7.4에서 2를 3번 빼면 1.4가 남으므로 남는 물의 양은 1.4 L입니다.

방법2 나눗셈의 몫을 자연수까지 구하여 알아보기

```
                    3 ──→ 나누어 줄 수 있는 사람 수
한 사람이 가지는 물의 양 ←─ 2 ) 7 . 4
        나누어 주는 물의 양 ←─  6
                           1 . 4 ──→ 남는 물의 양
```

7.4÷2의 몫을 자연수까지 구하면 3이므로 3명에게 나누어 줄 수 있고, 남는 물의 양은 1.4 L입니다.

참고 나누어 주는 물의 양과 나누어 주고 남는 물의 양의 합이 나누어 주기 전 물의 양과 같은지 확인합니다.
➡ 6+1.4=7.4(L)이므로 계산 결과가 옳습니다.

나누어 줄 수 있는 사람 수는 자연수임을 잊지 마세요.

✏️ **몫을 반올림하여 나타내는 방법을 잘 기억해 두세요.**

$$9.5÷3=3.166\cdots$$

몫을 반올림하여

일의 자리까지	➡ 9.5÷3=3.1⋯	➡ 3
소수 첫째 자리까지	➡ 9.5÷3=3.16⋯	➡ 3.2
소수 둘째 자리까지	➡ 9.5÷3=3.166⋯	➡ 3.17

정답 및 풀이
292쪽

1 268÷2＝134를 이용하여 계산해 보세요.

26.8÷2＝[   ]   2.68÷2＝[   ]

2 길이가 7.5 m인 길가에 나무 7그루를 처음부터 끝까지 같은 간격으로 그림과 같이 심으려고 합니다. 나무 사이의 간격을 몇 m로 해야 하나요?
(단, 나무의 굵기는 생각하지 않습니다.)

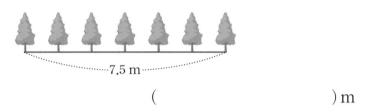

(   ) m

3 계산 결과를 비교하여 ○ 안에 ＞, ＝, ＜를 알맞게 써넣으세요.

31.2÷2.4 ○ 9.24÷0.7

4 집에서 도서관까지의 거리는 집에서 서점까지의 거리의 몇 배인지 반올림하여 소수 첫째 자리까지 나타내 보세요.

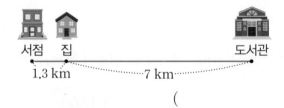

서점   집   도서관
1.3 km   7 km

(   )배

5 길이가 13 cm인 철사로 별 모양 한 개를 만들 수 있습니다. 철사 81.5 cm로 같은 크기의 별 모양을 몇 개까지 만들 수 있고, 철사는 몇 cm가 남나요?

만들 수 있는 별 모양 수 (   )개
남는 철사의 길이 (   ) cm

개념을 정리해 보자

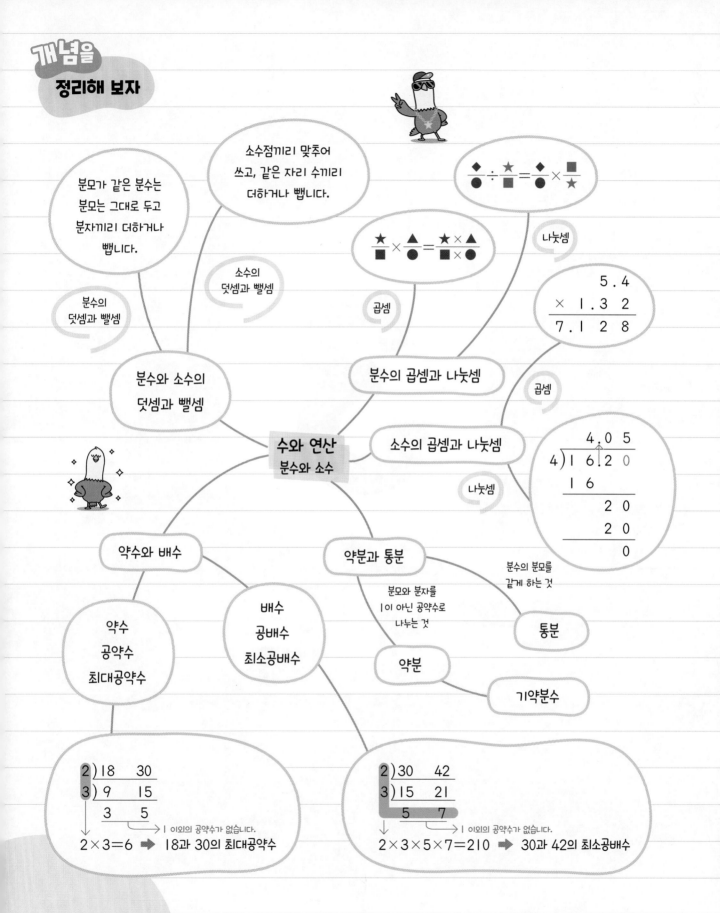

분모가 같은 분수는 분모는 그대로 두고 분자끼리 더하거나 뺍니다.

소수점끼리 맞추어 쓰고, 같은 자리 수끼리 더하거나 뺍니다.

$$\frac{\blacklozenge}{\bullet} \div \frac{\bigstar}{\blacksquare} = \frac{\blacklozenge}{\bullet} \times \frac{\blacksquare}{\bigstar}$$

나눗셈

$$\frac{\bigstar}{\blacksquare} \times \frac{\blacktriangle}{\bullet} = \frac{\bigstar \times \blacktriangle}{\blacksquare \times \bullet}$$

소수의 덧셈과 뺄셈

분수의 덧셈과 뺄셈

곱셈

$$\begin{array}{r} 5.4 \\ \times\ 1.32 \\ \hline 7.128 \end{array}$$

분수와 소수의 덧셈과 뺄셈

분수의 곱셈과 나눗셈

곱셈

수와 연산
분수와 소수

소수의 곱셈과 나눗셈

나눗셈

$$\begin{array}{r} 4.05 \\ 4\overline{)16.20} \\ \underline{16} \\ 20 \\ \underline{20} \\ 0 \end{array}$$

약수와 배수

약분과 통분

분수의 분모를 같게 하는 것

약수
공약수
최대공약수

배수
공배수
최소공배수

분모와 분자를 1이 아닌 공약수로 나누는 것

통분

약분

기약분수

$$\begin{array}{r} 2\,)\,18\quad30 \\ 3\,)\,\ 9\quad15 \\ \hline \quad 3\quad\ 5 \end{array}$$
1 이외의 공약수가 없습니다.
$2 \times 3 = 6$ ➡ 18과 30의 최대공약수

$$\begin{array}{r} 2\,)\,30\quad42 \\ 3\,)\,15\quad21 \\ \hline \quad 5\quad\ 7 \end{array}$$
1 이외의 공약수가 없습니다.
$2 \times 3 \times 5 \times 7 = 210$ ➡ 30과 42의 최소공배수

도형과 측정

평면도형

✔ 오른쪽 도형은 평면에서만 그릴 수 있고, 실제로는
불가능한 도형입니다.
이 도형은 어떤 수학자의 이름을 따서 ○○○
삼각형이라고 합니다.
이 수학자의 이름을 알아볼까요?
주어진 도형의 이름을 출발점으로 하고 사다리 타기를 하여 수학자의
이름을 찾아보세요.

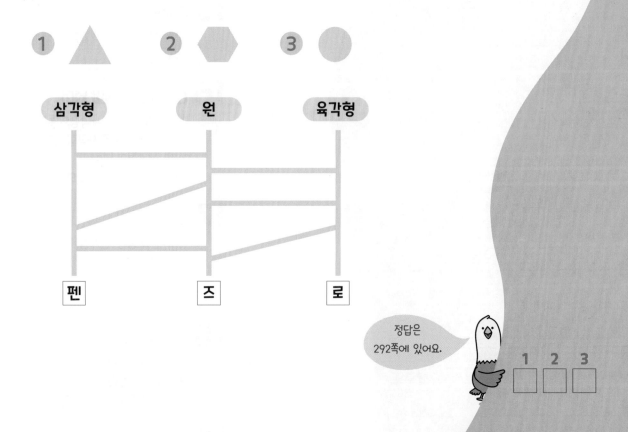

정답은
292쪽에 있어요.

1 2 3
□ □ □

12
평면도형과 각도

#선분 #반직선 #직선
#각 #직각 #각도
#예각 #둔각

50
선분, 반직선, 직선

●● 선에는 곧은 선과 굽은 선이 있습니다. 곧은 선은 휘어지지 않고 쭉 뻗은 선이고, 굽은 선은 휘어지거나 구부러진 선입니다. 곧은 선에는 어떤 것들이 있을까요?

여기 점 ㄱ과 점 ㄴ을 곧게 이어 봅니다. 이렇게 두 점을 곧게 이은 선을 선분이라고 합니다.

선분 ㄱㄴ 또는 선분 ㄴㄱ

이제 점 ㄱ에서 시작하여 점 ㄴ을 지나 길게 늘인 곧은 선을 그어 봅니다. 또, 점 ㄴ에서 시작하여 점 ㄱ을 지나 길게 늘인 곧은 선을 그려 봅니다. 이렇게 한 점에서 시작하여 한쪽으로 끝없이 늘인 곧은 선을 반직선이라고 합니다.

반직선 ㄱㄴ   반직선 ㄴㄱ

마지막으로 선분 ㄱㄴ을 양쪽으로 길게 늘인 곧은 선을 그어 봅니다. 이렇게 선분을 양쪽으로 끝없이 늘인 곧은 선을 직선이라고 합니다.

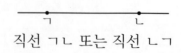

직선 ㄱㄴ 또는 직선 ㄴㄱ

✏️ 선분, 반직선, 직선을 구분해서 잘 기억해 두세요.

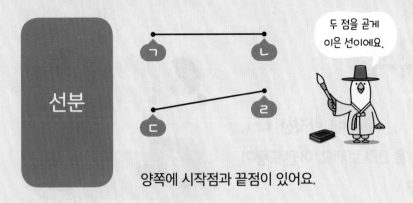

양쪽에 시작점과 끝점이 있어요.

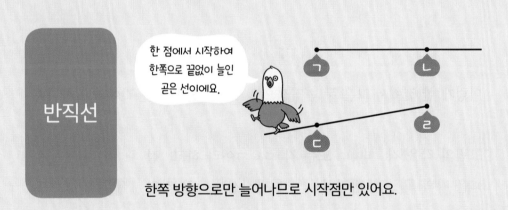

한쪽 방향으로만 늘어나므로 시작점만 있어요.

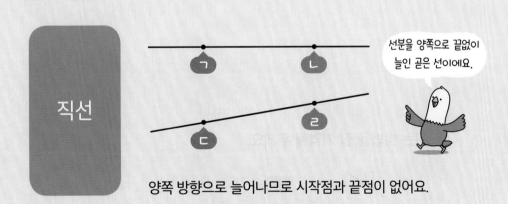

양쪽 방향으로 늘어나므로 시작점과 끝점이 없어요.

51
각, 직각

●● 세 점 ㄱ, ㄴ, ㄷ에 반직선 ㄴㄱ, 반직선 ㄴㄷ을 그려 보세요. 어떤 도형이 그려지나요?

ㄱ·

ㄴ•   ·ㄷ

이렇게 한 점에서 그은 두 반직선으로 이루어진 도형을 각이라고 합니다.

굽은 선으로 이루어져 있거나 한 점에서 만나지 않으면 각이 아니에요.

그림의 각을 각 ㄱㄴㄷ 또는 각 ㄷㄴㄱ이라 하고, 점 ㄴ을 각의 **꼭짓점**, 반직선 ㄴㄱ과 반직선 ㄴㄷ을 각의 **변**이라고 합니다. 이 변을 변 ㄴㄱ과 변 ㄴㄷ이라고 합니다.

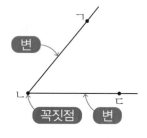

변

꼭짓점   변

✏️ 각을 읽는 방법을 잘 기억해 두세요.

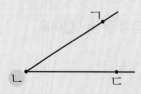

읽기 각 ㄱㄴㄷ
또는
각 ㄷㄴㄱ

꼭짓점이 가운데에 오도록 읽어야 해요.

원 모양의 종이로 다음과 같이 각을 만들어 봅니다.

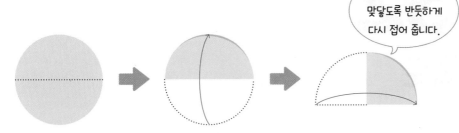

앞에서 접은 부분에 맞닿도록 반듯하게 다시 접어 줍니다.

이렇게 반듯하게 두 번 접은 종이를 본뜬 각을 **직각**이라고 합니다.

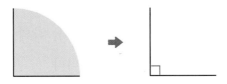

직각을 나타낼 때에는 꼭짓점에 └ 표시를 합니다.

삼각자를 이용하여 직각을 찾을 수 있습니다.

✏️ **직각의 모양을 잘 기억해 두세요.**

삼각자를 대었을 때 꼭 맞게 겹쳐지는 각이 직각이에요.

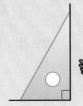

52
각도

●● 각의 크기를 어떻게 나타낼 수 있을까요?

각의 변이 벌어진 정도를 각의 크기라고 합니다. 각의 크기는 변의 길이나 방향에 관계없이 벌어진 정도에 따라서 결정됩니다.

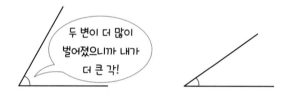

이때 각의 크기를 각도라고 합니다. 각도를 잴 때에는 각도기를 사용합니다.

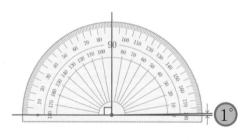

직각의 크기를 똑같이 90으로 나눈 것 중 하나를 1도라 하고, 1°라고 씁니다. 즉, 직각의 크기는 90°입니다.

각도기로 각도 재기
❶ 각도기의 중심을 각의 꼭짓점에 맞춥니다.
❷ 각도기의 밑금을 각의 한 변에 맞춥니다.
❸ 각의 나머지 변이 각도기의 눈금과 만나는 부분의 수를 읽습니다.

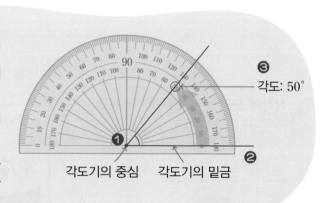

❸
각도: 50°

각도기의 중심   각도기의 밑금

이제 각도기를 사용하여 크기가 60°인 각 ㄱㄴㄷ을 그려 봅시다.

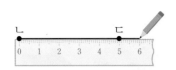

❶ 각의 한 변 ㄴㄷ을 긋습니다.

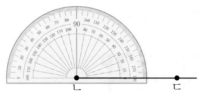

❷ 각도기의 중심을 점 ㄴ에 맞추고 각도기의 밑금을 변 ㄴㄷ에 맞춥니다.

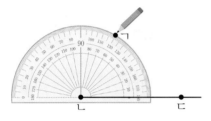

❸ 각도기에서 60°가 되는 눈금에 점 ㄱ을 표시합니다.

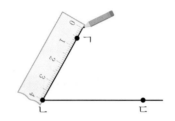

❹ 각도기를 떼고, 변 ㄴㄱ을 그어 크기가 60°인 각 ㄱㄴㄷ을 완성합니다.

 각도기를 사용하여 각도 재는 방법을 잘 기억해 두세요.

안쪽 눈금 읽기 ➡ 50°

바깥쪽 눈금 읽기 ➡ 130°

각의 한 변이 안쪽 눈금 0에 맞춰져 있으면 안쪽 눈금을 읽고, 바깥쪽 눈금 0에 맞춰져 있으면 바깥쪽 눈금을 읽어야 해요!

안쪽 눈금 ○

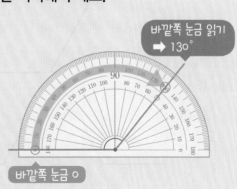

바깥쪽 눈금 ○

53
예각, 둔각

•• 직각보다 작은 각인지, 직각보다 큰 각인지 비교하여 각을 크기에 따라 분류할 수 있습니다.

각도가 0°보다 크고 직각보다 작은 각을 예각이라고 합니다.

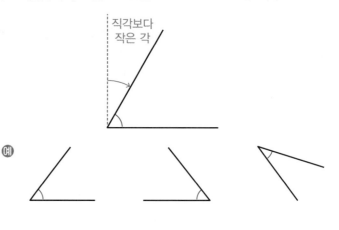

직각보다
작은 각

㉠

예각에서 '예'는
예리할 銳,
예

둔각에서 '둔'은
둔할 鈍이에요.
둔

또, 각도가 직각보다 크고 180°보다 작은 각을 둔각이라고 합니다.

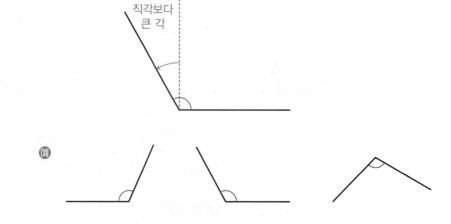

직각보다
큰 각

㉠

각은 **직각을 기준**으로 예각과 둔각으로 나눌 수 있습니다.

$$0° < (예각) < 90° \qquad 90° < (둔각) < 180°$$

다음과 같이 시계의 긴바늘과 짧은바늘이 이루는 작은 쪽의 각을 예각, 직각, 둔각으로 구분할 수 있습니다.

✎ 예각, 직각, 둔각을 잘 기억해 두세요.

12. 평면도형과 각도 145

54
각도의 합과 차

●● 두 각의 각도를 알면 두 각도의 합과 차를 구할 수 있습니다.

오른쪽 두 각의 각도의 합은 어떻게 구할 수
있을까요?

두 각도의 합은 각각의 각도를 더한 것과 같습니다.

두 각도의 합을 구할 때에는 자연수의 덧셈과 같은 방법으로 계산한 다음 °를
붙여 줍니다.

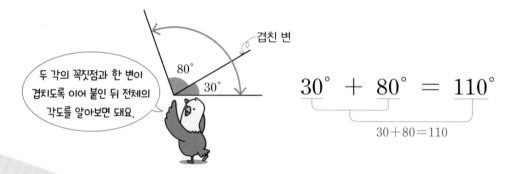

두 각의 꼭짓점과 한 변이
겹치도록 이어 붙인 뒤 전체의
각도를 알아보면 돼요.

겹친 변

$$30° + 80° = 110°$$

$$30 + 80 = 110$$

✏️ 각도의 합을 구하는 방법을 잘 기억해 두세요.

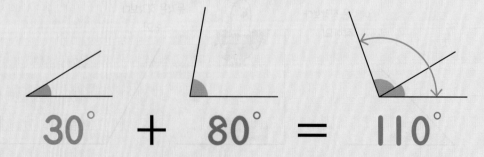

$$30° \quad + \quad 80° \quad = \quad 110°$$

오른쪽 두 각의 각도의 차는 어떻게 구
할 수 있을까요?

두 각도의 차는 큰 각도에서 작은 각도를 뺀 것과 같습니다.

두 각도의 차를 구할 때에는 자연수의 뺄셈과 같은 방법으로 계산한 다음 °를
붙여 줍니다.

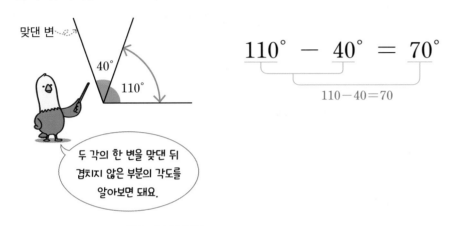

$$110° - 40° = 70°$$

$$110 - 40 = 70$$

맞댄 변

두 각의 한 변을 맞댄 뒤
겹치지 않은 부분의 각도를
알아보면 돼요.

각도의 합과 차는 자연수의 덧셈, 뺄셈과 같은 방법으로 계산합니다.

✎ 각도의 차를 구하는 방법을 잘 기억해 두세요.

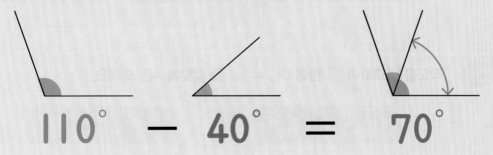

$$110° - 40° = 70°$$

1 설명이 옳은 것을 찾아 기호를 써 보세요.

> ㉠ 선분은 끝이 없지만 직선은 끝이 있습니다.
> ㉡ 반직선 ㄱㄴ과 반직선 ㄴㄱ은 같습니다.
> ㉢ 직선 ㄷㄹ은 선분 ㄷㄹ을 양쪽으로 끝없이 늘인 곧은 선입니다.

(   )

2 직각을 모두 찾아 ⌐ 로 표시해 보세요.

3 각의 크기가 큰 것부터 차례대로 기호를 써 보세요.

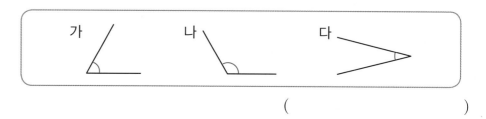

(   )

4 예각을 모두 찾아 써 보세요.

> 65°   100°   89°   90°   163°   20°

(   )

5 각도를 비교하여 ◯ 안에 >, =, <를 알맞게 써넣으세요.

$85° + 30°$ $160° - 55°$

13

삼각형

#이등변삼각형 #정삼각형
#예각삼각형 #직각삼각형
#둔각삼각형

55
이등변삼각형, 정삼각형

●● 삼각형을 변의 길이에 따라 어떻게 분류할 수 있을까요?

삼각형 중에는 변의 길이가 모두 다른 삼각형도 있고, 길이가 같은 변이 있는 삼각형도 있습니다.

이때 두 변의 길이가 같은 삼각형을 이등변삼각형, 세 변의 길이가 같은 삼각형을 정삼각형이라고 합니다.

정삼각형은 두 변의 길이가 같으니까 이등변삼각형이라고 할 수 있어요.

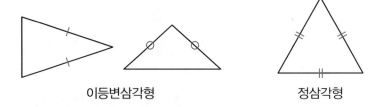

이등변삼각형   정삼각형

이제 이등변삼각형의 성질을 알아볼까요?

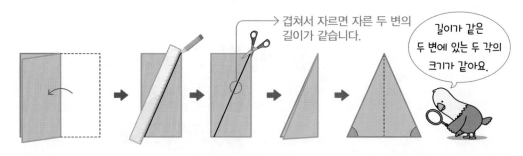

→ 겹쳐서 자르면 자른 두 변의 길이가 같습니다.

길이가 같은 두 변에 있는 두 각의 크기가 같아요.

색종이를 겹쳐서 자르면 자른 두 변의 길이가 같으므로 이등변삼각형이 됩니다. 이때 길이가 같은 두 변에 있는 두 각은 겹쳐진 각이므로 크기가 같습니다.

또, 각도기를 사용하여 선분의 양 끝에 크기가 같은 각을 그려서 삼각형을 만들면 그 삼각형은 두 변의 길이가 같습니다. 즉, 이등변삼각형입니다.

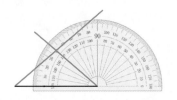

이번에는 정삼각형의 성질을 알아볼까요?

세 각의 크기가
모두 같아요!

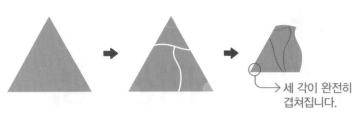

→ 세 각이 완전히
겹쳐집니다.

색종이로 만든 정삼각형을 세 조각으로 찢어 세 각을 한 번에 겹쳐 보면 정삼
각형의 세 각의 크기가 모두 같음을 알 수 있습니다.

이때 삼각형의 세 각의 크기의 합은 180°이므로 정삼각형의 한 각의 크기는
$180° \div 3 = 60°$입니다.

또, 각도기를 사용하여 선분의 양 끝에 크기가 60°
인 각을 그려서 삼각형을 만들면 그 삼각형은 세 변
의 길이가 같습니다. 즉, 정삼각형입니다.

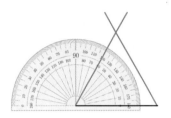

🖊 이등변삼각형과 정삼각형의 성질을 잘 기억해 두세요.

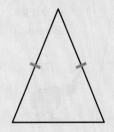

이등변삼각형은 두 각의 크기가 같습니다. ➡

⬅ 두 각의 크기가 같으면 **이등변삼각형**입니다.

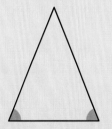

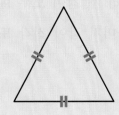

정삼각형은 세 각의 크기가 같습니다. ➡

⬅ 세 각의 크기가 같으면 **정삼각형**입니다.

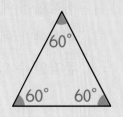

56
예각삼각형, 직각삼각형, 둔각삼각형

●● 삼각형을 각의 크기에 따라 어떻게 분류할 수 있을까요?

삼각형 중에는 직각이 있는 삼각형도 있고, 직각이 없는 삼각형도 있습니다.
이때 직각이 있는 삼각형을 직각삼각형이라고 합니다.

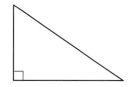
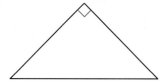

직각삼각형에서 직각은 1개뿐입니다.

직각이 없는 삼각형 중에서 세 각이 모두 예각인 삼각형이 있습니다. 이러한
삼각형을 예각삼각형이라고 합니다.

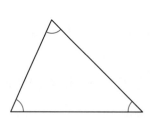

세 각이 모두
예각이에요!

삼각형에 예각이 있다고 해서 모두 예각삼각형이 아니라 세 각이 모두 예각
이어야만 예각삼각형입니다. 한 각이 예각이더라도 나머지 각이 직각 또는
둔각일 수 있기 때문입니다.

또, 한 각이 둔각인 삼각형이 있습니다. 이러한 삼각형을 **둔각삼각형**이라고
합니다.

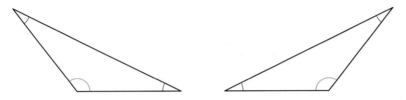

둔각삼각형의 세 각 중에서 한 각만 둔각이고, 나머지 두 각은 예각입니다.
둔각이 2개이면 두 변이 만나지 않아서 삼각형이 될 수 없기 때문입니다.

참고 직각삼각형은 예각삼각형도 아니고, 둔각삼각형도 아닙니다.

예각삼각형, 직각삼각형, 둔각삼각형을 잘 기억해 두세요.

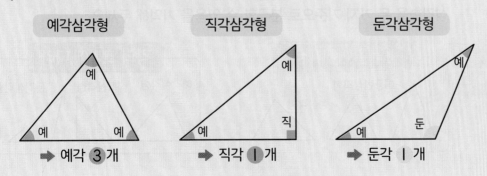

57

여러 가지 삼각형의 분류

●● 여러 가지 삼각형을 두 가지 기준으로 분류해 봅시다.

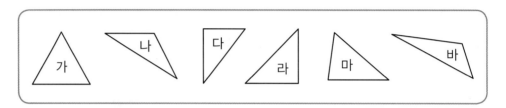

변의 길이에 따라 분류해 보면

정삼각형은   → 가

이등변삼각형은   → 가, 나, 라

세 변의 길이가 모두 다른 삼각형은 → 다, 마, 바

정삼각형은 이등변삼각형이면서 예각삼각형이에요.

각의 크기에 따라 분류해 보면

예각삼각형은 → 가, 마

직각삼각형은 → 다, 라

둔각삼각형은 → 나, 바

✏️ 삼각형을 두 가지 기준으로 분류할 수 있음을 기억해 두세요.

변의 길이에 따라

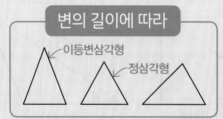

이등변삼각형

정삼각형

각의 크기에 따라

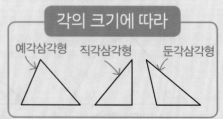

예각삼각형   직각삼각형   둔각삼각형

삼각형의 세 각의 크기의 합

삼각형을 세 조각으로 잘라
세 꼭짓점이 한 점에 모이도록
이어 붙입니다.

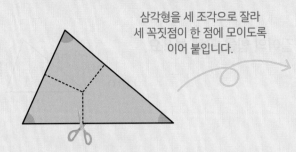

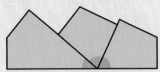

세 각이 직선 위에 꼭 맞게 됩니다.

삼각형의 세 각의 크기의 합은 180°입니다.

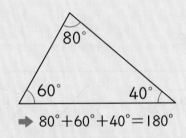

➡ 80°+60°+40°=180°

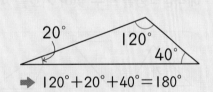

➡ 120°+20°+40°=180°

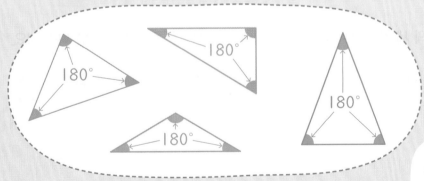

삼각형의 모양과 크기가
달라도 세 각의 크기의 합은
항상 180°임을 기억해요.

정답 및 풀이
292쪽

1 이등변삼각형의 세 변의 길이의 합을 구해 보세요.

(   ) cm

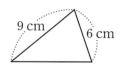

2 삼각형 ㄱㄴㄷ은 정삼각형입니다. ☐ 안에 알맞은 수를 써넣으세요.

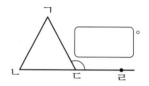

3 예각삼각형을 모두 찾아 기호를 써 보세요.

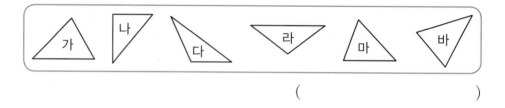

(   )

4 삼각형의 세 각 중 두 각의 크기입니다. 둔각삼각형을 찾아 기호를 써 보세요.

| ㉠ 35°, 80° | ㉡ 60°, 90° | ㉢ 50°, 25° |

(   )

5 삼각형의 이름이 될 수 있는 것을 모두 고르세요.

(   )

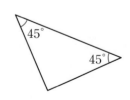

① 이등변삼각형   ② 정삼각형
③ 예각삼각형   ④ 직각삼각형
⑤ 둔각삼각형

14
사각형

#수직 #수선 #평행 #평행선
#사다리꼴 #평행사변형 #마름모
#직사각형 #정사각형

58
수직, 평행, 평행선 사이의 거리

●● 두 직선이 한 점에서 만나면 각이 만들어집니다. 또 어떤 두 직선은 만나지 않을 수도 있습니다.

두 직선이 만나서 이루는 각이 직각인 곳을 찾아 ⌐ 로 표시해 봅니다.

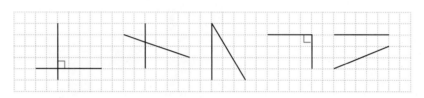

이렇게 두 직선이 만나서 이루는 각이 직각일 때, 두 직선은 서로 **수직**이라고 합니다.

또, 두 직선이 서로 수직으로 만나면 한 직선을 다른 직선에 대한 **수선**이라고 합니다.

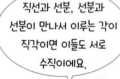

직선과 선분, 선분과 선분이 만나서 이루는 각이 직각이면 이들도 서로 수직이에요.

이번에는 서로 만나지 않는 두 직선에 대해 알아볼까요?

삼각자 2개를 사용하여 한 직선에 수직인 두 직선을 그어 보면 두 직선은 서로 만나지 않습니다.

이렇게 두 직선이 만나지 않을 때, 두 직선은 서로 평행하다고 합니다. 이때 평행한 두 직선을 평행선이라고 합니다.

두 선분을 양쪽으로 끝없이 늘인 두 직선이 평행하면 두 선분은 서로 평행해요.

평행선 사이에는 여러 개의 선분을 그을 수 있습니다.

어떤 선분의 길이를 '평행선 사이의 거리'라고 하면 좋을까요?

그림과 같이 평행선의 한 직선에서 다른 직선에 수직인 선분을 긋습니다. 이 선분의 길이를 평행선 사이의 거리 라고 합니다.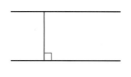

평행선 사이의 선분 중에서 수선의 길이가 가장 짧고, 평행선 사이의 거리는 이 수선의 길이와 같으므로 수선의 길이가 6 cm이면 평행선 사이의 거리는 6 cm입니다.

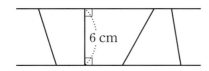

6 cm

✏️ 수직, 평행, 평행선 사이의 거리를 잘 기억해 두세요.

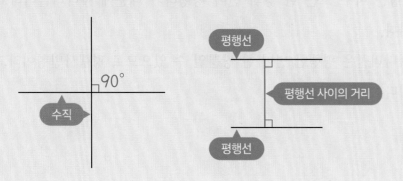

평행선 사이의 거리를 잴 때 두 직선에 수직인 선분의 길이를 재어야 해요.

59
사다리꼴, 평행사변형, 마름모

●● 사각형을 평행한 변의 수 또는 변의 길이에 따라 분류할 수 있습니다.
먼저 평행한 변의 수에 따라 사각형을 분류해 볼까요?

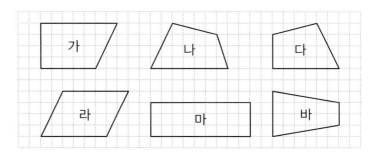

사각형 가, 라, 마, 바는 서로 평행한 변이 있습니다.
이렇게 마주 보는 한 쌍의 변이 서로 평행한 사각형을
사다리꼴이라고 합니다.

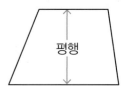

또한, 사각형 라, 마와 같이 마주 보는 두 쌍의 변이 서로
평행한 사각형을 평행사변형이라고 합니다.

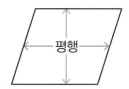

평행사변형은 마주 보는 한 쌍의 변이 평행하기 때문에 사다리꼴이라고 할
수 있습니다.
그러나 사다리꼴은 평행한 변이 한 쌍뿐일 수 있으므로 평행사변형이라고 할
수 없습니다.

평행사변형의 성질

❶ 마주 보는 두 변의 길이가 같습니다.
➡ (변 ㄱㄴ)=(변 ㄹㄷ),
(변 ㄱㄹ)=(변 ㄴㄷ)

❷ 마주 보는 두 각의 크기가 같습니다.
➡ (각 ㄴㄱㄹ)=(각 ㄴㄷㄹ),
(각 ㄱㄴㄷ)=(각 ㄱㄹㄷ)

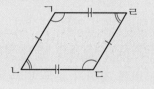

이번에는 변의 길이에 따라 사각형을 분류해 볼까요?

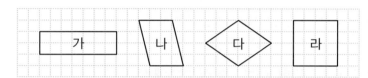

사각형 다, 라와 같이 네 변의 길이가 모두 같은 사각형을
마름모라고 합니다.

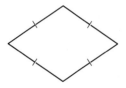

마름모의 성질

❶ 마주 보는 두 각의 크기가 같습니다.
➡ (각 ㄴㄱㄹ)=(각 ㄴㄷㄹ),
(각 ㄱㄴㄷ)=(각 ㄱㄹㄷ)

❷ 마주 보는 꼭짓점끼리 이은 두 선분은
서로 수직으로 만나고, 서로의 길이를
반으로 나눕니다.

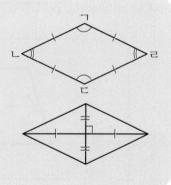

사다리꼴, 평행사변형, 마름모의 성질을 정리해 보면 다음과 같습니다.

성질	사다리꼴	평행사변형	마름모
평행한 변이 있는 사각형	○	○	○
마주 보는 두 쌍의 변이 평행한 사각형		○	○
네 변의 길이가 모두 같은 사각형			○
이웃한 두 각의 크기의 합이 180°인 사각형		○	○

✎ 사다리꼴, 평행사변형, 마름모를 잘 기억해 두세요.

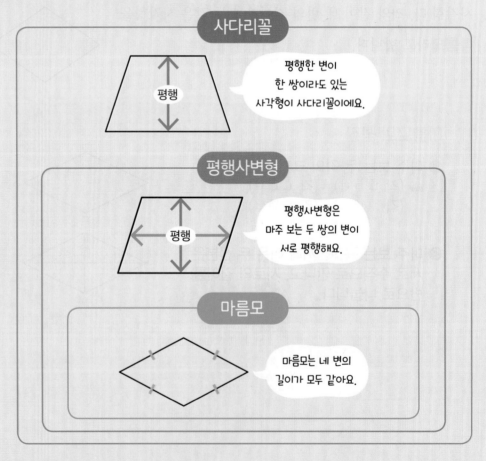

사다리꼴

평행

평행한 변이
한 쌍이라도 있는
사각형이 사다리꼴이에요.

평행사변형

평행

평행사변형은
마주 보는 두 쌍의 변이
서로 평행해요.

마름모

마름모는 네 변의
길이가 모두 같아요.

60

직사각형, 정사각형

●● 사각형 중에는 네 각이 모두 직각인 사각형이 있습니다.

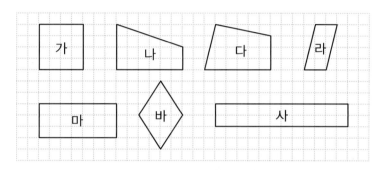

사각형 가, 마, 사와 같이 네 각이 모두 직각인 사각형을 **직사각형**이라고 합
니다.

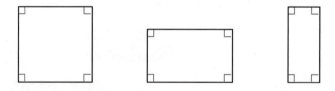

직사각형의 성질

❶ 마주 보는 두 변의 길이가 같습니다.
❷ 마주 보는 두 쌍의 변이 서로 평행합니다.

사각형 가, 마, 사는 네 각이 모두 직각이고, 사각형 가, 바는 네 변의 길이가
모두 같습니다.

이때 사각형 가와 같이 네 각이 모두 직각이고 네 변의 길이가 모두 같은 사각형을 **정사각형**이라고 합니다.

정사각형은 네 각이 모두 직각이므로 직사각형이라고 할 수 있습니다. 그러나 직사각형은 네 변의 길이가 모두 같지 않을 수 있으므로 정사각형이라고 할 수 없습니다.

정사각형의 성질
마주 보는 두 쌍의 변이 서로 평행합니다.

✏️ **직사각형, 정사각형을 잘 기억해 두세요.**

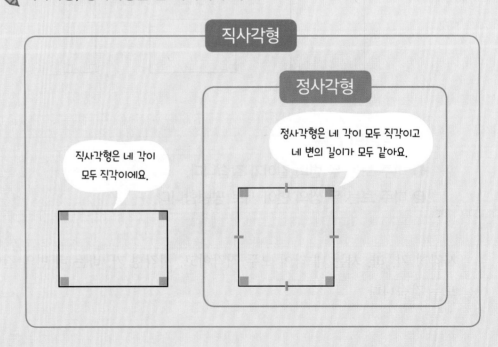

직사각형
정사각형
직사각형은 네 각이 모두 직각이에요.
정사각형은 네 각이 모두 직각이고 네 변의 길이가 모두 같아요.

사각형의 네 각의 크기의 합

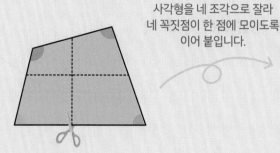

사각형을 네 조각으로 잘라
네 꼭짓점이 한 점에 모이도록
이어 붙입니다.

이어 붙이면
평면이 돼요.

네 각이 바닥을 채우게 됩니다.

사각형의 네 각의 크기의 합은 360°입니다.

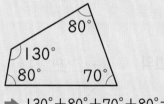

➡ 130°+80°+70°+80°=360°

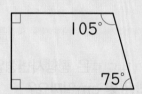

➡ 90°+90°+75°+105°=360°

사각형은 삼각형 2개로 나누어짐을
이용해서 사각형의 네 각의 크기의
합을 구할 수도 있어요.

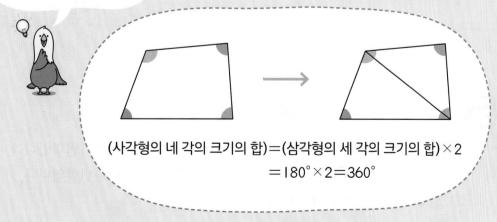

(사각형의 네 각의 크기의 합)=(삼각형의 세 각의 크기의 합)×2
=180°×2=360°

개념을 **확인해 보자**

정답 및 풀이
293쪽

1 직선 가와 직선 나는 서로 수직입니다. ㉠의 각
도를 구해 보세요.

(   )°

2 직선 가와 직선 나는 서로 평행합니다. 평
행선 사이의 거리는 몇 cm인가요?

(   ) cm

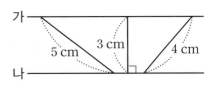

3 사각형 ㄱㄴㄷㄹ은 평행사변형입니다. 네 변의
길이의 합은 몇 cm일까요?

(   ) cm

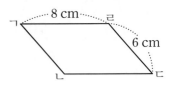

4 사각형 ㄱㄴㄷㄹ은 마름모입니다. ㉠의 각
도를 구해 보세요.

(   )°

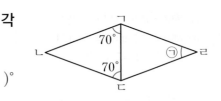

5 다음 설명 중 옳지 <u>않은</u> 것은 어느 것일까요? (   )

① 평행사변형은 사다리꼴입니다.   ② 직사각형은 평행사변형입니다.
③ 정사각형은 사다리꼴입니다.   ④ 마름모는 평행사변형입니다.
⑤ 직사각형은 마름모입니다.

15

다각형

#다각형 #정다각형 #대각선

61
다각형과 정다각형

●● 여러 가지 도형을 분류하여 다각형을 알아볼까요?

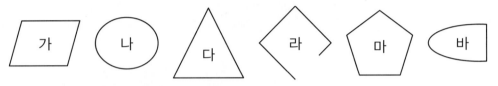

나, 라, 바처럼 선분으로 둘러싸여 있지 않거나 곡선이 있는 도형은 다각형이 아니에요.

이 중에서 선분으로 둘러싸인 도형을 모두 찾아 기호를 쓰면 가, 다, 마이고 이처럼 선분으로 둘러싸인 도형을 **다각형**이라고 합니다.

다각형은 변의 수에 따라 변이 6개이면 **육각형**, 변이 7개이면 **칠각형**, 변이 8개이면 **팔각형**이라고 합니다.

다각형의 변의 수와 꼭짓점의 수는 다음과 같습니다.

	오각형	육각형	칠각형	팔각형	구각형
변의 수(개)	5	6	7	8	9
꼭짓점의 수(개)	5	6	7	8	9

✏️ 다각형을 잘 기억해 두세요.

➡️ 변이 ★개인 다각형은 ★각형입니다.

이번에는 다각형 중에서 특별한 다각형을 알아봅시다.

변의 길이가 모두 같고, 각의 크기가 모두 같은 다각형을 정다각형이라고 합니다.

정삼각형　　　정사각형　　　정오각형　　　정육각형

정다각형은 변의 수에 따라 변이 3개이면 정삼각형, 변이 4개이면 정사각형,
변이 5개이면 정오각형, 변이 6개이면 정육각형이라고 합니다.

변이 ♥개인 정다각형은 정♥각형이라고 해요.

참고　정다각형이 아닌 도형

① 변의 길이가 모두 같지만 각의 크기가 모두 같지는 않은 다각형　예

② 각의 크기가 모두 같지만 변의 길이가 모두 같지는 않은 다각형　예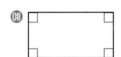

✏️ 정다각형을 잘 기억해 두세요.

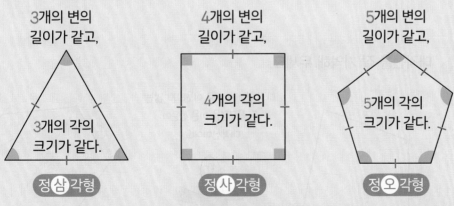

➡️ ★개의 변의 길이가 같고, ★개의 각의 크기가 같은 다각형은 정★각형입니다.

15. 다각형　**169**

62

대각선

●● 대각선을 알아볼까요?

사각형 ㄱㄴㄷㄹ에서 서로 이웃하지 않는 두 꼭짓점을
이어 봅니다.

> 하나의 변을 이루고 있는 두 꼭짓점이 아닌 꼭짓점

이처럼 다각형에서 선분 ㄱㄷ, 선분 ㄴㄹ과 같이 서로

이웃하지 않는 두 꼭짓점을 이은 선분을 대각선이라고 합니다.

여러 가지 다각형에 대각선을 그어 보면 다음 표와 같습니다.

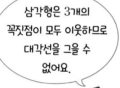

삼각형은 3개의
꼭짓점이 모두 이웃하므로
대각선을 그을 수
없어요.

다각형	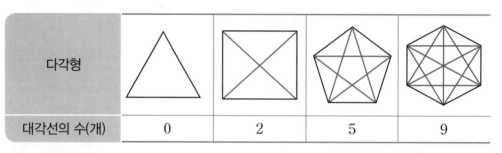			
대각선의 수(개)	0	2	5	9

위의 표에서 알 수 있듯이 꼭짓점의 수가 많은 다각형일수록 더 많은 대각선
을 그을 수 있습니다.

🖊 대각선을 잘 기억해 두세요.

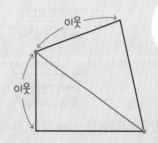

이웃

이웃

다각형에서 서로 이웃하지 않는
두 꼭짓점을 이은 선분이
대각선이에요.

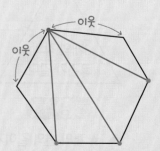

이웃

이웃

여러 가지 사각형에서 대각선의 성질을 알아볼까요?

평행사변형, 직사각형, 마름모, 정사각형에 대각선을 모두 그어 보고, 각각의
대각선의 성질을 살펴봅시다.

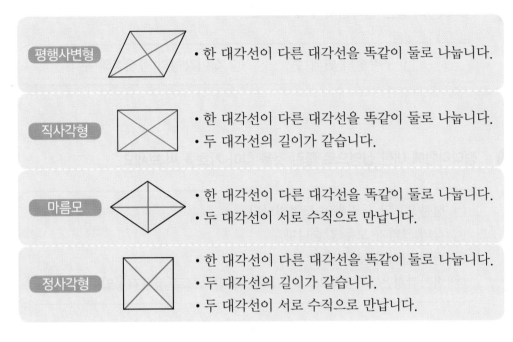

평행사변형	• 한 대각선이 다른 대각선을 똑같이 둘로 나눕니다.
직사각형	• 한 대각선이 다른 대각선을 똑같이 둘로 나눕니다. • 두 대각선의 길이가 같습니다.
마름모	• 한 대각선이 다른 대각선을 똑같이 둘로 나눕니다. • 두 대각선이 서로 수직으로 만납니다.
정사각형	• 한 대각선이 다른 대각선을 똑같이 둘로 나눕니다. • 두 대각선의 길이가 같습니다. • 두 대각선이 서로 수직으로 만납니다.

대각선의 성질에 따라 사각형을 분류하면 다음과 같습니다.

❶ 두 대각선의 길이가 같습니다. ➡ 직사각형, 정사각형

❷ 두 대각선이 서로 수직으로 만납니다. ➡ 마름모, 정사각형

정사각형은 두 대각선의
길이가 같고 서로 수직으로
만나는 사각형이에요.

✎ **여러 가지 사각형에서의 대각선의 성질을 잘 기억해 두세요.**

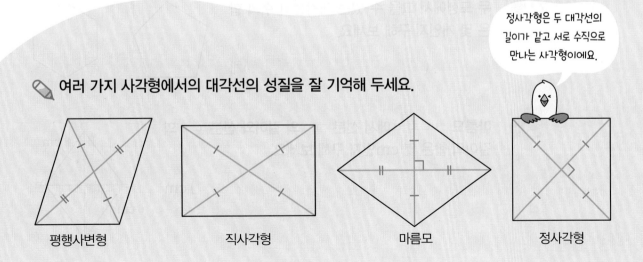

평행사변형　　　　직사각형　　　　마름모　　　　정사각형

1 ㉠과 ㉡의 합은 얼마인지 구해 보세요.

> ㉠ 구각형의 변의 수   ㉡ 십이각형의 꼭짓점의 수

(   )

2 정다각형에 대한 설명으로 틀린 것을 찾아 기호를 써 보세요.

> ㉠ 선분으로만 둘러싸인 도형입니다.
> ㉡ 각의 크기가 모두 같습니다.
> ㉢ 변의 길이가 모두 같습니다.
> ㉣ 직사각형은 모든 각의 크기가 90°로 같으므로 정다각형입니다.

(   )

3 정십각형의 모든 각의 크기의 합은 1440°입니다. 정십각형의 한 각의 크기는 몇 도인지 구해 보세요.

(   )°

4 두 도형에서 그을 수 있는 대각선의 수의 합은 몇 개인지 구해 보세요.

(   )개

5 마름모 ㄱㄴㄷㄹ에서 선분 ㄱㄷ의 길이와 선분 ㄴㄹ의 길이의 합은 몇 cm인지 구해 보세요.

(   ) cm

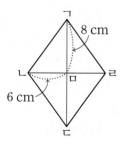

16
다각형의 둘레와 넓이

#사각형의 둘레
#직사각형, 정사각형의 넓이
#평행사변형의 넓이
#삼각형의 넓이 # 사다리꼴의넓이
#마름모의 넓이

63 정다각형과 사각형의 둘레

●● 둘레는 사물이나 도형의 가장자리 또는 그 길이를 말합니다.
그럼 정다각형과 사각형의 둘레를 구하는 방법을 알아볼까요?

정다각형과 사각형의 둘레는 각 변을 모두 더하여 구할 수 있습니다.
이때 각 도형의 성질을 이용하면 각 변을 일일이 더하지 않고도 정다각형과
사각형의 둘레를 구할 수 있습니다.

정다각형은 변이 모두 같으므로 정다각형의 둘레는 한 변에 변의 수를 곱하여 구
합니다.

➡ (정다각형의 둘레)＝(한 변)×(변의 수)

(예)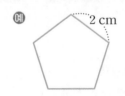

(정오각형의 둘레)

$=2×5=10$ (cm)

(정삼각형의 둘레)＝(한 변)× ③
(정사각형의 둘레)＝(한 변)× ④
(정오각형의 둘레)＝(한 변)× ⑤
⋮

직사각형은 가로와 세로가 각각 서로 같으므로 직사각형의 둘레는 가로와 세로를
더한 다음 2배 하여 구합니다.

➡ (직사각형의 둘레)＝(가로)×2＋(세로)×2

$=\{(가로)+(세로)\}×2$

(예)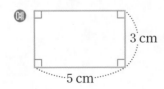

(직사각형의 둘레)

$=(5+3)×2=16$ (cm)

평행사변형은 마주 보는 두 변이 각각 서로 같으므로 평행사변형의 둘레는 길이가 다른 두 변을 더한 다음 2배 하여 구합니다.

➡ (평행사변형의 둘레)＝(한 변)×2＋(다른 한 변)×2
＝{(한 변)＋(다른 한 변)}×2

(평행사변형의 둘레)
＝(6＋4)×2＝20 (cm)

마름모는 네 변이 모두 같으므로 마름모의 둘레는 한 변을 4배 하여 구합니다.

➡ (마름모의 둘레)＝(한 변)×4

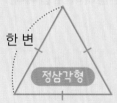

(마름모의 둘레)
＝7×4＝28 (cm)

✏ 정다각형과 사각형의 둘레를 구하는 방법을 잘 기억해 두세요.

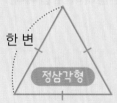

(정다각형의 둘레)＝(한 변)×(변의 수)

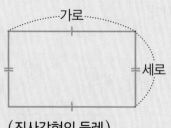
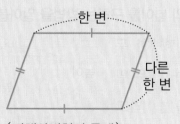
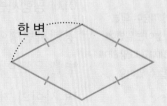

(직사각형의 둘레)	(평행사변형의 둘레)	(마름모의 둘레)
＝{(가로)＋(세로)}×2	＝{(한 변)＋(다른 한 변)}×2	＝(한 변)×4

16. 다각형의 둘레와 넓이 **175**

64 직사각형, 정사각형, 평행사변형의 넓이

●● 이번엔 직사각형, 정사각형, 평행사변형의 넓이를 구하는 방법을 알아볼까요?

넓이의 단위로 한 변이 1 cm인 정사각형의 넓이를 사용할 수 있어요. 이 정사각형의 넓이를 $1\,\text{cm}^2$라 쓰고, 1 제곱센티미터라고 읽어요.

직사각형의 넓이는 다음과 같은 방법으로 구할 수 있습니다.

➡ (직사각형의 넓이)=(가로)×(세로)

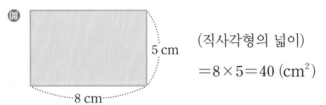

예

(직사각형의 넓이)

$=8\times5=40\,(\text{cm}^2)$

정사각형도 직사각형이라고 할 수 있고, 정사각형은 네 변이 모두 같으므로 가로와 세로가 같습니다. 따라서 정사각형의 넓이는 한 변을 2번 곱하여 구합니다.

➡ (정사각형의 넓이)=(한 변)×(한 변)

예

(정사각형의 넓이)

$=7\times7=49\,(\text{cm}^2)$

밑변은 기준이 되는 변이고, 높이는 밑변에 따라 정해지고 다양하게 표시할 수 있어요.

이제 평행사변형의 넓이를 구하는 방법을 알아봅시다.

평행사변형에서 평행한 두 변을 **밑변**이라 하고, 두 밑변 사이의 거리를 **높이**라고 합니다.

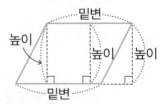

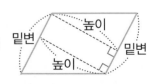

평행사변형을 다음과 같이 잘라 붙여서 직사각형을 만들면 평행사변형의 밑변과 높이는 각각 직사각형의 가로와 세로가 됩니다. 이때 평행사변형의 넓이는 직사각형의 넓이와 같습니다.

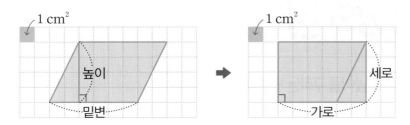

➡ (평행사변형의 넓이)＝(직사각형의 넓이)＝(가로)×(세로)
　　　　　　　　　　　　　　　　　＝(밑변)×(높이)

또, 평행사변형은 밑변과 높이가 같으면 모양이 달라도 넓이가 같습니다.

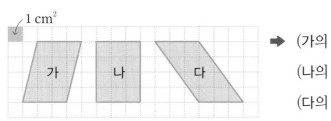

➡ (가의 넓이)＝3×4＝12 (cm²)
　 (나의 넓이)＝3×4＝12 (cm²)
　 (다의 넓이)＝3×4＝12 (cm²)

✎ **직사각형, 정사각형, 평행사변형의 넓이를 구하는 방법을 잘 기억해 두세요.**

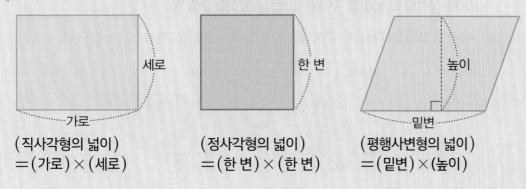

(직사각형의 넓이)　　　(정사각형의 넓이)　　　(평행사변형의 넓이)
＝(가로)×(세로)　　　＝(한 변)×(한 변)　　　＝(밑변)×(높이)

65
삼각형의 넓이

●● 삼각형의 넓이를 구하는 방법을 알아볼까요?

먼저 삼각형의 특징을 살펴봅시다.

다음 그림과 같이 삼각형에서 한 변을 표시하고, 표시한 변과 마주 보는 꼭짓점에서 표시한 변에 수직으로 선분을 그어 봅니다.

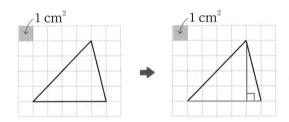

이와 같이 삼각형에서 어느 한 변과 마주 보는 꼭짓점에서 그 변에 수직인 선분을 그었을 때 그 변을 **밑변**, 수직인 선분의 길이를 **높이**라고 합니다.

삼각형에서는 어느 변이나 밑변이 될 수 있고 그 밑변에 따라 높이가 달라져요.

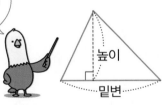 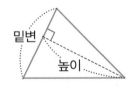 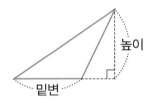

이제 삼각형의 넓이를 구하는 방법을 알아볼까요?

삼각형 2개를 다음과 같이 붙여서 평행사변형을 만들 수 있습니다.

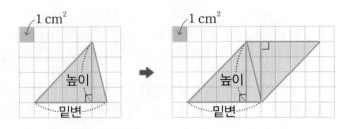

이때 삼각형의 넓이는 만들어진 평행사변형의 넓이의 반입니다.

➡ (삼각형의 넓이)＝(평행사변형의 넓이)÷2

＝(밑변)×(높이)÷2

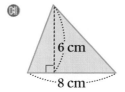
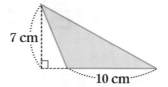

(삼각형의 넓이)＝8×6÷2
＝24 (cm²)

(삼각형의 넓이)＝10×7÷2
＝35 (cm²)

또, 삼각형은 밑변과 높이가 같으면 모양이 달라도 넓이가 같습니다.

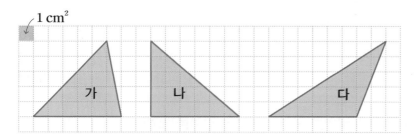

➡ (가의 넓이)＝6×5÷2＝15 (cm²)

(나의 넓이)＝6×5÷2＝15 (cm²)

(다의 넓이)＝6×5÷2＝15 (cm²)

✏ **삼각형의 넓이를 구하는 방법을 잘 기억해 두세요.**

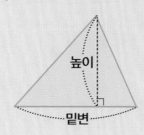

(삼각형의 넓이)＝(밑변)×(높이)÷2

66

사다리꼴과 마름모의 넓이

●● 사다리꼴과 마름모의 넓이를 구하는 방법을 알아볼까요?

사다리꼴은 평행한
두 변이 한 쌍이므로
사다리꼴의 밑변은
고정되어 있어요.

먼저 사다리꼴의 특징을 살펴봅시다.

사다리꼴에서 평행한 두 변을 **밑변**이라 하고, 두 밑
변 사이의 거리를 **높이**라고 합니다.

두 밑변을 위치에 따라 윗변, 아랫변이라고 합니다.

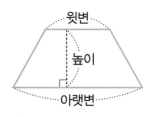

이제 사다리꼴의 넓이를 구하는 방법을 알아볼까요?

사다리꼴 2개를 다음과 같이 붙여서 평행사변형을 만들 수 있습니다.

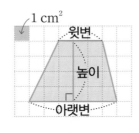 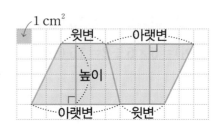

만들어진 평행사변형의
밑변은 사다리꼴의 윗변과
아랫변의 합과 같아요.

이때 사다리꼴의 넓이는 만들어진 평행사변형의 넓이의 반입니다.

➡ (사다리꼴의 넓이)＝(평행사변형의 넓이)÷2

＝(밑변)×(높이)÷2

＝{(윗변)＋(아랫변)}×(높이)÷2

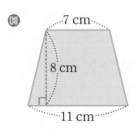

(사다리꼴의 넓이)

＝$(7+11) \times 8 \div 2 = 72 \ (\text{cm}^2)$

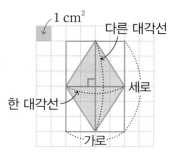

이번에는 마름모의 넓이를 구하는 방법을 알아봅시다.

오른쪽 그림과 같이 마름모를 둘러싸는 직사각형을 만들어 봅니다. 이 직사각형의 가로와 세로는 마름모의 두 대각선과 같습니다.

이때 마름모의 넓이는 만들어진 직사각형의 넓이의 반입니다.

➡ (마름모의 넓이)=(직사각형의 넓이)÷2

    =(가로)×(세로)÷2

    =(한 대각선)×(다른 대각선)÷2

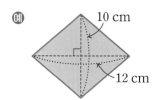

(마름모의 넓이)

  $=12 \times 10 \div 2 = 60 \, (\text{cm}^2)$

✏️ **사다리꼴과 마름모의 넓이를 구하는 방법을 잘 기억해 두세요.**

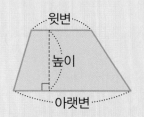

(사다리꼴의 넓이)={(윗변)+(아랫변)}×(높이)÷2

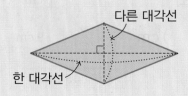

(마름모의 넓이)=(한 대각선)×(다른 대각선)÷2

개념을 Go·Go! 확인해 보자

정답 및 풀이
293쪽

1 두 정다각형의 둘레가 각각 30 cm일 때, ㉠과 ㉡에 알맞은 수의 합을 구해 보세요.

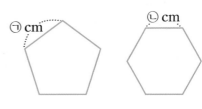

(   )

2 평행사변형의 둘레는 몇 cm인지 구해 보세요.

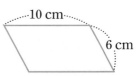

(   ) cm

3 삼각형의 넓이가 54 cm²일 때, ☐ 안에 알맞은 수를 써넣으세요.

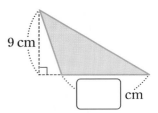

4 넓이가 72 m²인 마름모 모양의 땅이 있습니다. 이 땅의 한 대각선이 16 m일 때, 다른 대각선은 몇 m인지 구해 보세요.

(   ) m

5 사다리꼴의 넓이는 몇 cm²인지 구해 보세요.

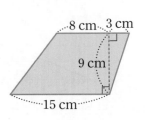

(   ) cm²

17
원

#중심 #반지름 #지름
#원주 #원주율 #원의 넓이

67
원의 중심, 반지름, 지름

●● 누름 못과 띠 종이를 사용하여 원을 한번 그려 볼까요?

띠 종이를 누름 못으로 고정한 뒤 연필을 구멍에 넣고 한 바퀴 돌려 원을 그리면 누름 못이 꽂힌 점에서 원 위의 한 점까지의 길이는 모두 같습니다.

한 원에서 원의 중심은 1개 있어요.

원을 그릴 때에 누름 못이 꽂혔던 점을 **원의 중심**이라고 합니다. 원의 중심 ㅇ과 원 위의 한 점을 이은 선분을 원의 **반지름**이라고 합니다.

원의 중심

반지름

반지름의 성질

❶ 한 원에서 반지름은 셀 수 없이 많습니다.
❷ 한 원에서 반지름은 길이가 모두 같습니다.

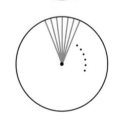

✏️ 원의 반지름의 성질을 잘 기억해 두세요.

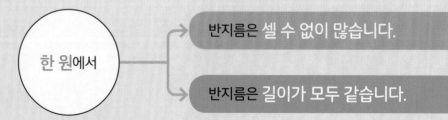

한 원에서

반지름은 **셀 수 없이 많습니다.**

반지름은 **길이가 모두 같습니다.**

원의 중심을 지나는 선분을 그어 보고, 이 선분의 특징을 살펴봅시다.

원의 중심 ㅇ을 지나도록 원 위의 두 점을 이은 선분을 원의

지름이라고 합니다.

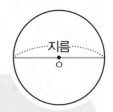

지름의 성질

❶ 지름은 원 위의 두 점을 이은 선분 중에서 길이가 가장 긴 선분입니다.

❷ 한 원에서 지름은 길이가 모두 같습니다.

❸ 한 원에서 지름은 셀 수 없이 많습니다.

❹ 지름은 원을 똑같이 둘로 나눕니다.

❺ 지름은 반지름의 2배입니다.

└→ 지름의 반이 반지름입니다.

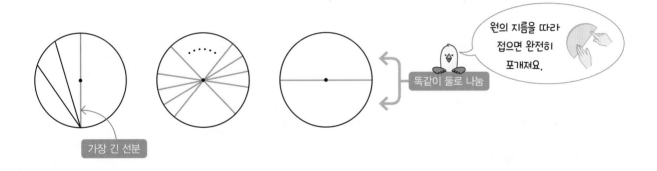

원의 지름을 따라 접으면 완전히 포개져요.

똑같이 둘로 나눔

가장 긴 선분

🖊 원의 지름과 반지름의 관계를 잘 기억해 두세요.

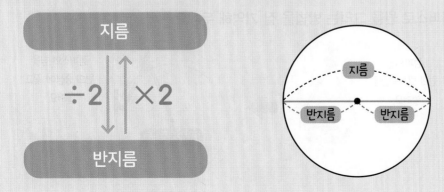

지름

÷2 ×2

반지름

68

원 그리기

●● 컴퍼스와 자를 사용하여 반지름이 2 cm인 원을 그려 볼까요?

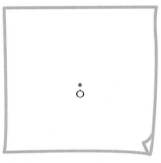 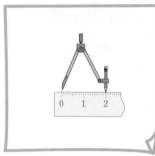 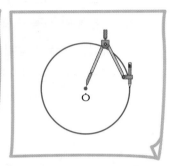

❶ 원의 중심이 되는 점 ○을 정합니다.

❷ 컴퍼스를 원의 반지름인 2 cm만큼 벌립니다.

❸ 컴퍼스의 침을 점 ○에 꽂고 컴퍼스를 돌려서 원을 그립니다.

크기가 같은 원은 다음과 같은 방법으로 그릴 수 있습니다.

❶ 컴퍼스의 침을 주어진 원의 중심에 꽂습니다.

❷ 컴퍼스를 주어진 원의 반지름만큼 벌립니다.

❸ 컴퍼스를 그대로 옮겨서 원의 중심을 정하여 원을 그립니다.

✎ 컴퍼스로 원을 그리는 방법을 잘 기억해 두세요.

 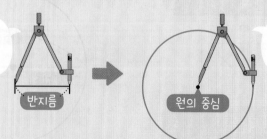

컴퍼스를 원의 반지름만큼 벌려요.

반지름

컴퍼스의 침을 원의 중심에 꽂고 돌려요.

원의 중심

69
원주율

●● 원주와 원주율을 알아볼까요?

원은 곡선으로 이루어져 있기 때문에 원의 둘레를 구하거나 원의 넓이를 구하기 위해서는 원의 성질을 잘 이해하고 있어야 합니다.

그중에 원의 둘레와 지름에 대한 성질도 있기 때문에 다른 도형과 달리 원의 둘레에는 이름을 붙여 주는데, 원의 둘레를 원주라고 합니다.

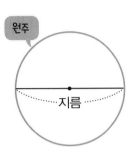

정다각형의 둘레를 이용하여 원주와 지름의 관계를 알아보기 위해 반지름이 1 cm인 원과 정육각형, 정사각형의 둘레를 비교해 봅시다.

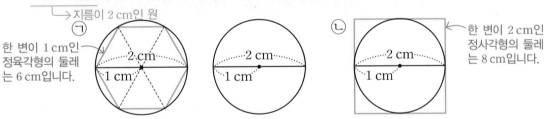

→지름이 2 cm인 원

한 변이 1 cm인 정육각형의 둘레는 6 cm입니다.

한 변이 2 cm인 정사각형의 둘레는 8 cm입니다.

㉠ 원주는 정육각형의 둘레보다 더 깁니다.　➡　(원주)＞6 cm ← (원의 지름)×3

㉡ 원주는 정사각형의 둘레보다 더 짧습니다.　➡　(원주)＜8 cm ← (원의 지름)×4

따라서 원주는 지름의 3배보다 길고, 지름의 4배보다 짧습니다.

이와 같이 원의 지름에 대한 원주의 비율을 원주율이라고 합니다.

> 원의 크기에 상관없이 원주와 지름의 관계는 변하지 않아요.

$$(원주율)＝(원주)÷(지름)$$

원주율을 소수로 나타내면 3.141592653589793238462…과 같이 끝없이 계속됩니다. 따라서 필요에 따라 어림하여 3, 3.1, 3.14 등으로 사용합니다.

17. 원 **187**

이제 지름, 원주, 원주율 사이의 관계를 통해 원주와 지름을 구하는 방법을 알아볼까요?

(원주율)＝(원주)÷(지름)임을 이용하면 원주 또는 지름을 구할 수 있습니다.

지름을 알 때 원주율을 이용하여 원주를 구할 수 있습니다.

(원주율)＝(원주)÷(지름) ➡ (원주)＝(지름)×(원주율)

⦿ 원주 구하기 (원주율: 3.14)

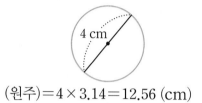

(원주)＝4×3.14＝12.56 (cm)

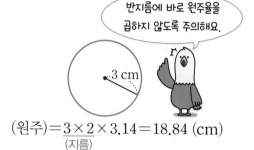

반지름에 바로 원주율을 곱하지 않도록 주의해요.

(원주)＝3×2×3.14＝18.84 (cm)
   (지름)

또, 원주를 알 때 원주율을 이용하여 지름을 구할 수 있습니다.

(원주)＝(지름)×(원주율) ➡ (지름)＝(원주)÷(원주율)

⦿ 원주가 31.4 cm일 때, 지름 구하기 (원주율: 3.14)

(지름)＝31.4÷3.14＝10 (cm)

원주율은 원의 크기와 상관없이 일정한 값이에요.

✎ 원주와 지름의 관계를 잘 기억해 두세요.

원주율 ＝ 원주 ÷ 지름

원주 ＝ 지름 × 원주율

지름 ＝ 원주 ÷ 원주율

70

원의 넓이

●● 원의 넓이를 구하는 방법을 알아볼까요?

원을 그림과 같이 원의 중심을 지나는 선분을 그어 여러 개의 똑같은 조각으로 잘라서 이어 붙여 봅니다.

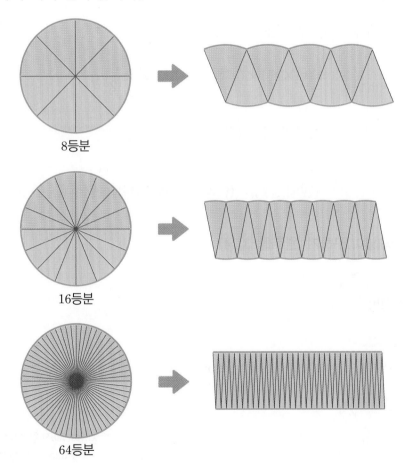

8등분

16등분

64등분

원을 자르는 횟수가 많아질수록 점점 직사각형 모양이 되는 것이 보이지요?

같은 방법으로 원을 한없이 잘라서 이어 붙이면 직사각형이 됩니다.

따라서 원의 넓이는 이 직사각형의 넓이를 이용하면 구할 수 있습니다.

원을 한없이 잘라서 이어 붙여서 된 직사각형의 가로와 세로는 각각 원의 무엇과 같을까요?

이 직사각형의 가로는 원주의 반과 같습니다.

➡ $(가로)=(원주) \times \dfrac{1}{2}$

또, 직사각형의 세로는 원의 반지름과 같습니다.

➡ $(세로)=(반지름)$

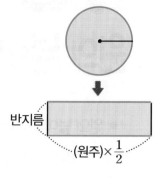

반지름

$(원주) \times \dfrac{1}{2}$

직사각형의 넓이를 이용하여 원의 넓이를 구할 수 있습니다.

➡ $(원의 넓이)=(반지름) \times (원주) \times \dfrac{1}{2}$

$=(반지름) \times (지름) \times (원주율) \times \dfrac{1}{2}$

$=(반지름) \times (반지름) \times (원주율)$

$(원의 넓이)=(반지름) \times (반지름) \times (원주율)$

🐣 원의 넓이 구하기 (원주율: 3.14)

2 cm

$(원의 넓이)=2 \times 2 \times 3.14=12.56 \ (cm^2)$

10 cm

지름이 10 cm인 원의 반지름은 5 cm이므로

$(원의 넓이)=5 \times 5 \times 3.14=78.5 \ (cm^2)$

지름이 주어진 원의 넓이를 구할 때에는 반지름을 먼저 구하도록 해요.

이제 반지름이 서로 다른 원의 원주와 넓이를 각각 구하여 어떻게 달라지는지 알
아봅시다. (원주율: 3)

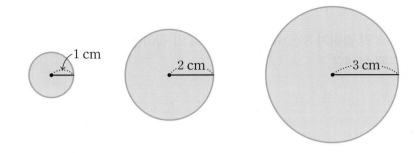

반지름(cm)	원주(cm)	넓이(cm²)
1	$1 \times 2 \times 3 = 6$	$1 \times 1 \times 3 = 3$
2	$2 \times 2 \times 3 = 12$	$2 \times 2 \times 3 = 12$
3	$3 \times 2 \times 3 = 18$	$3 \times 3 \times 3 = 27$

반지름과 원주, 반지름과 넓이 사이에 어떤 관계가 보이나요?

① 반지름이 2배가 되면 원주도 2배가 되고,

  반지름이 3배가 되면 원주도 3배가 됩니다.

② 반지름이 2배가 되면 넓이는 4배가 되고,

  반지름이 3배가 되면 넓이는 9배가 됩니다.

반지름이 길어질수록
원주도 길어지고,
원의 넓이도 넓어져요.

✏️ 원의 넓이를 구하는 방법을 잘 기억해 두세요.

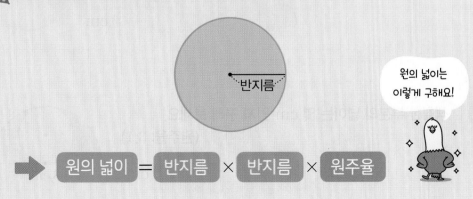

원의 넓이는
이렇게 구해요!

➡️ 원의 넓이 = 반지름 × 반지름 × 원주율

정답 및 풀이
293쪽

1 선분 ㄷㅇ의 길이가 8 cm라면 선분 ㄱㄴ의 길이는 몇 cm 인지 구해 보세요.

(   ) cm

2 더 큰 원에 ○표 해 보세요.

반지름이 20 cm인 원	지름이 36 cm인 원
( )	( )

3 지름이 6 cm인 원 모양의 굴렁쇠가 한 바퀴 굴러갔을 때, 굴렁쇠가 굴러간 거리는 몇 cm인지 구해 보세요. (원주율: 3.1)

(   ) cm

4 원주가 42 cm일 때, 반지름은 몇 cm인지 구해 보세요.

(원주율: 3)

(   ) cm

5 색칠한 부분의 넓이는 몇 cm²인지 구해 보세요.

(원주율: 3.1)

(   ) cm²

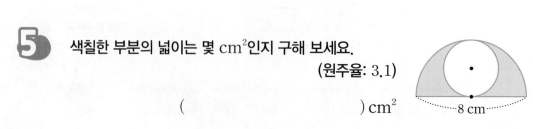

8 cm

18
합동과 대칭

#합동 #선대칭 #점대칭

71

합동인 도형

●● 포개었을 때 완전히 겹치는 두 도형은 어떻게 만들까요?

색종이 한 장에 도형을 그린 후, 색종이 2장을 겹쳐서 오리면 오려 낸 두 도형은 포개었을 때 완전히 겹칩니다.

합동인 두 도형은 모양과 크기가 같아요.

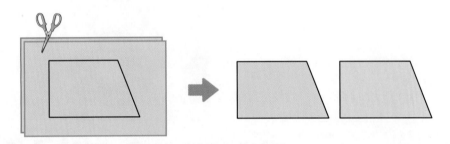

이처럼 포개었을 때 완전히 겹치는 두 도형을 서로 **합동**이라고 합니다.

또, 다음과 같이 모양이 달라 보여도 뒤집거나 돌려서 포개었을 때 완전히 겹치는 두 도형도 서로 합동이라고 합니다.

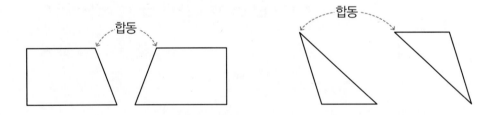

한편, 다음과 같이 모양은 같지만 크기가 다른 두 도형은 서로 합동이 아닙니다.

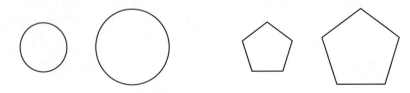

이제 합동인 도형의 성질을 알아볼까요?

합동인 두 도형을 포개어 보면 겹치는 꼭짓점, 겹치는 변, 겹치는 각을 찾을 수 있습니다.

이처럼 합동인 두 도형을 포개었을 때 겹치는 꼭짓점을 대응점, 겹치는 변을 대응변, 겹치는 각을 대응각이라고 합니다.

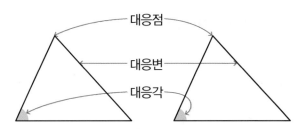

이때 합동인 두 도형에는 다음과 같은 성질이 있습니다.

❶ 합동인 두 도형에서 각각의 대응변의 길이가 서로 같습니다.
❷ 합동인 두 도형에서 각각의 대응각의 크기가 서로 같습니다.

✎ 합동인 도형의 성질을 잘 기억해 두세요.

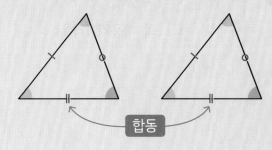

합동인 두 도형에서 각각의 대응변의 길이가 서로 같고, 대응각의 크기가 서로 같아요.

72
선대칭도형

•• 나비의 모양에는 어떤 특징이 있을까요?

나비의 모양은 반으로 접었을 때 완전히 겹칩니다. 또, 가운데에 선을 그어 보면 선을 기준으로 양쪽의 모양과 크기가 같습니다.

이처럼 한 직선을 따라 접었을 때 완전히 겹치는 도형을 **선대칭도형**이라고 합니다. 이때 그 직선을 **대칭축**이라고 합니다.

> 점이나 선을 기준으로 접거나 돌렸을 때 완전히 겹치면 대칭이라고 해요.

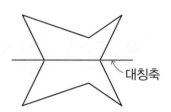
대칭축

 참고 대칭축의 개수는 모양에 따라 여러 개일 수도 있습니다. 대칭축이 여러 개인 경우 모두 한 점에서 만납니다.

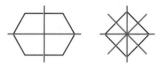

이제 선대칭도형의 성질을 알아볼까요?

선대칭도형에서 대칭축을 따라 접었을 때 겹치는 꼭짓점을 대응점, 겹치는 변을 대응변, 겹치는 각을 대응각이라고 합니다.

➡
점 ㄱ의 대응점: 점 ㅈ
변 ㄷㄹ의 대응변: 변 ㅅㅂ
각 ㄱㄴㄷ의 대응각: 각 ㅈㅇㅅ

이때 선대칭도형에는 다음과 같은 성질이 있습니다.

❶ 선대칭도형에서 각각의 대응변의 길이가 서로 같습니다.
❷ 선대칭도형에서 각각의 대응각의 크기가 서로 같습니다.

또, 선대칭도형에서 대응점끼리 이은 선분과 대칭축 사이에 어떤 관계가 있는지 알아봅시다.

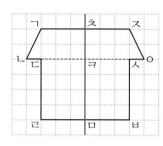

선분 ㄱㅊ과 선분 ㅈㅊ의 길이가 같고,
선분 ㄷㅋ과 선분 ㅅㅋ의 길이가 같습니다.
대응점끼리 이은 선분 ㄱㅈ, 선분 ㄷㅅ이 대칭축과 만나서 이루는 각은 90°입니다.

❶ 각각의 대응점에서 대칭축까지의 거리가 서로 같습니다.
❷ 대응점끼리 이은 선분이 대칭축과 수직으로 만납니다.
❸ 대칭축은 대응점끼리 이은 선분을 둘로 똑같이 나눕니다.

✏️ 선대칭도형의 성질을 잘 기억해 두세요.

선대칭도형에서 각각의
대응변의 길이가 서로 같고,
대응각의 크기가 서로 같아요.

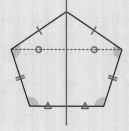

각각의 대응점에서
대칭축까지의 거리도
서로 같아요.

73 점대칭도형

●● 그림과 같은 도형을 점 ㄱ을 중심으로 90°, 180° 돌려 볼까요?

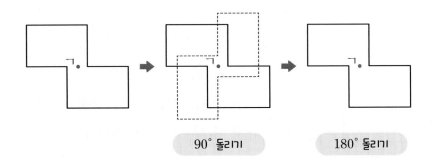

주어진 도형을 점 ㄱ을 중심으로 180° 돌리면 원래 도형의 모양과 완전히 겹칩니다.

이처럼 한 점을 중심으로 180° 돌렸을 때 원래 도형의 모양과 완전히 겹치는 도형을 **점대칭도형**이라고 합니다. 이때 그 점을 **대칭의 중심**이라고 합니다.

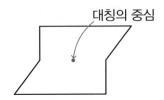

참고 선대칭도형에서 대칭축은 여러 개일 수 있지만, 점대칭도형에서 대칭의 중심은 1개뿐입니다.

이제 점대칭도형의 성질을 알아볼까요?

점대칭도형에서 한 점을 중심으로 180° 돌렸을 때 겹치는 꼭짓점을 대응점, 겹치는 변을 대응변, 겹치는 각을 대응각이라고 합니다.

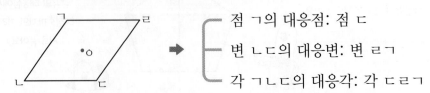

➡ 점 ㄱ의 대응점: 점 ㄷ

변 ㄴㄷ의 대응변: 변 ㄹㄱ

각 ㄱㄴㄷ의 대응각: 각 ㄷㄹㄱ

이때 점대칭도형에는 다음과 같은 성질이 있습니다.

❶ 점대칭도형에서 각각의 대응변의 길이가 서로 같습니다.
❷ 점대칭도형에서 각각의 대응각의 크기가 서로 같습니다.

또, 점대칭도형에서 대응점끼리 이은 선분과 대칭의 중심 사이에 어떤 관계가 있는지 알아봅시다.

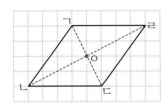

선분 ㄱㅇ과 ㄷㅇ의 길이가 같고,

선분 ㄴㅇ과 ㄹㅇ의 길이가 같습니다.

대응점끼리 이은
모든 선분이 만나는 점이
대칭의 중심이에요.

❶ 대칭의 중심은 대응점끼리 이은 선분을 둘로 똑같이 나눕니다.
❷ 각각의 대응점에서 대칭의 중심까지의 거리가 서로 같습니다.

✎ 점대칭도형의 성질을 잘 기억해 두세요.

점대칭도형에서 각각의
대응변의 길이가 서로 같고,
대응각의 크기가 서로 같아요.

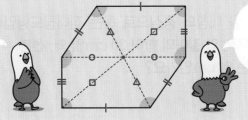

각각의 대응점에서
대칭의 중심까지의
거리도 서로 같아요.

1 두 도형은 서로 합동입니다. 대응변과 대응각이 각각 몇 쌍이 있나요?

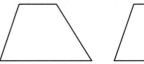

대응변: (   )쌍, 대응각: (   )쌍

2 두 삼각형은 서로 합동입니다. 삼각형 ㄹㅁㅂ의 둘레는 몇 cm인가요?

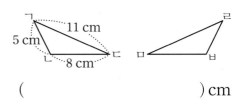

(   ) cm

3 선대칭도형의 대칭축은 모두 몇 개인가요?

(   )개

4 직선 ㅁㅂ을 대칭축으로 하는 선대칭도형입니다. ㉠은 몇 도인가요?

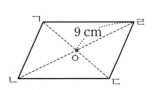

(   )°

5 점 ㅇ을 대칭의 중심으로 하는 점대칭도형입니다. 두 대각선의 길이의 합이 30 cm일 때, 선분 ㄱㅇ의 길이는 몇 cm인가요?

(   ) cm

19
어림하기

#이상 #이하 #초과 #미만
#올림 #반올림 #버림

74
이상과 이하, 초과와 미만

●● 놀이 공원에서는 다음과 같이 놀이 기구마다
이용자에 제한을 두는 경우가 있습니다.

이 놀이 기구는 12세 **이상** 인 사람만 탈 수 있습니다.

이 놀이 기구는 몸무게가 30 kg **이하** 인 사람은 탈 수 없습니다.

12, 13, 16.5, 31 등과 같이 12와 **같거나 큰 수**를 12 **이상**인 수라고 합니다.
12 이상인 수를 수직선에 나타내면 다음과 같습니다.

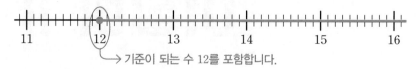

기준이 되는 수 12를 포함합니다.

▲ 이상인 수 ➡ ▲와 같거나 큰 수

한편, 30, 29, 25.7, 16 등과 같이 30과 **같거나 작은 수**를 30 **이하**인 수라고
합니다. 30 이하인 수를 수직선에 나타내면 다음과 같습니다.

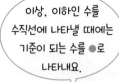

이상, 이하인 수를
수직선에 나타낼 때에는
기준이 되는 수를 ●로
나타내요.

기준이 되는 수 30을 포함합니다.

■ 이하인 수 ➡ ■와 같거나 작은 수

이제 초과와 미만을 알아볼까요?

대중교통을 이용할 때, 다음과 같은 안내문을 볼 수 있습니다.

이 버스는 40명을 초과 하여 사람을 태울 수 없습니다.

이 도로에서는 시속 20 km 미만 으로 운행하세요.

40.2, 41, 43, 55 등과 같이 40보다 큰 수를 40 초과인 수라고 합니다.

40 초과인 수를 수직선에 나타내면 다음과 같습니다.

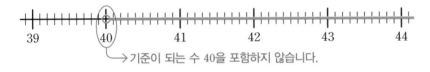

→ 기준이 되는 수 40을 포함하지 않습니다.

● 초과인 수 ➡ ●보다 큰 수

또, 19.5, 19, 18, 16.4 등과 같이 20보다 작은 수를 20 미만인 수라고 합니다.

20 미만인 수를 수직선에 나타내면 다음과 같습니다.

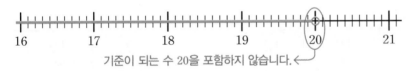

기준이 되는 수 20을 포함하지 않습니다. ←

★ 미만인 수 ➡ ★보다 작은 수

초과, 미만인 수를 수직선에 나타낼 때에는 기준이 되는 수를 ○로 나타내요.

수의 범위를 이상, 이하, 초과, 미만을 이용하여 수직선에 나타내면 다음과 같습니다.

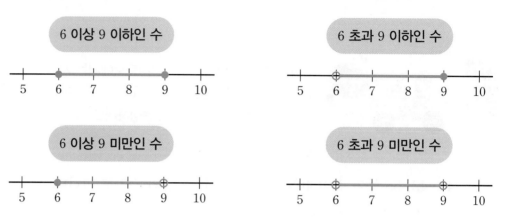

✏️ 이상과 이하, 초과와 미만을 잘 기억해 두세요.

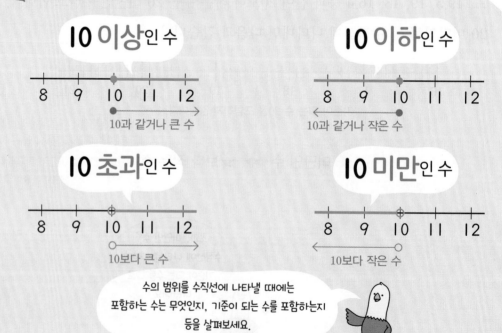

75
올림, 버림, 반올림

●● 색종이 132장이 필요합니다. 색종이를 10장씩 묶음으로만 살 수 있다면 최소 몇 장을 사야 할까요?

색종이 13묶음을 사면 130장이 됩니다.

그런데 색종이 132장이 필요하고 10장씩 묶음으로만 살 수 있으므로 최소 14묶음, 즉 140장을 사야 합니다.

이런 경우에 적절한 어림 방법은 구하려는 자리의 아래 수를 올려서 나타내는 것입니다.

> 구하려는 자리의 아래 수를 올려서 나타내는 방법을 올림이라고 합니다.

132를 올림하여 십의 자리까지 나타내기 위하여 십의 자리 아래 수인 2를 10으로 보고 140으로 나타냅니다. 또, 132를 올림하여 백의 자리까지 나타내기 위하여 백의 자리 아래 수인 32를 100으로 보고 200으로 나타냅니다.

올림하여 십의 자리까지
132 ⟶ 140   ↳올립니다.

올림하여 백의 자리까지
132 ⟶ 200   ↳올립니다.

같은 방법으로 소수 5.706을 올림하여 나타내면 다음과 같습니다.

올림하여 소수 첫째 자리까지
5.706 ⟶ 5.8   ↳올립니다.

올림하여 소수 둘째 자리까지
5.706 ⟶ 5.71   ↳올립니다.

이번에는 버림을 알아볼까요?

동전 3560원을 1000원짜리 지폐로 바꾸면 얼마까지 바꿀 수 있을까요?

560원은 지폐로 바꿀 수 없으므로 1000원짜리 지폐 3장인 3000원까지 바꿀 수 있습니다.

이런 경우에 적절한 어림 방법은 구하려는 자리의 아래 수를 버려서 나타내는 것입니다.

> 구하려는 자리의 아래 수를 버려서 나타내는 방법을 버림이라고 합니다.

3560을 버림하여 천의 자리까지 나타내기 위하여 천의 자리 아래 수인 560을 0으로 보고 3000으로 나타냅니다. 또, 3560을 버림하여 백의 자리까지 나타내기 위하여 백의 자리 아래 수인 60을 0으로 보고 3500으로 나타냅니다.

버림하여 천의 자리까지	버림하여 백의 자리까지
3560 → 3000 └ 버립니다.	3560 → 3500 └ 버립니다.

같은 방법으로 소수 2.491을 버림하여 나타내면 다음과 같습니다.

버림하여 소수 첫째 자리까지	버림하여 소수 둘째 자리까지
2.491 → 2.4 └ 버립니다.	2.491 → 2.49 └ 버립니다.

이제 반올림을 알아볼까요?

어느 영화관의 관람객 수가 6583명이라고 합니다. 6583을 육천오백 몇십쯤, 육천 몇백쯤으로 나타내려면 어떻게 하면 좋을까요?

6583은 6580과 6590 중에서 6580에 더 가까우므로 6580쯤이라고 할 수 있습니다.

6580   6590

또, 6583은 6500과 6600 중에서 6600에 더 가까우므로 6600쯤이라고 할 수 있습니다.

구하려는 자리 바로 아래 자리의 숫자가 0, 1, 2, 3, 4이면 버리고, 5, 6, 7, 8, 9이면 올려서 나타내는 방법을 반올림이라고 합니다.

6583을 반올림하여 나타내면 다음과 같습니다.

반올림하여 십의 자리까지
6583 ⟶ 6580
→ 버립니다.

반올림하여 백의 자리까지
6583 ⟶ 6600
→ 올립니다.

같은 방법으로 소수 3.054를 반올림하여 나타내면 다음과 같습니다.

반올림하여 소수 첫째 자리까지
3.054 ⟶ 3.1
→ 올립니다.

반올림하여 소수 둘째 자리까지
3.054 ⟶ 3.05
→ 버립니다.

✏️ 올림, 버림, 반올림을 잘 기억해 두세요.

3729를 백의 자리까지

올림 하여 나타내면 **3729** ⟶ **3800**

버림 하여 나타내면 **3729** ⟶ **3700**

반올림 하여 나타내면 **3729** ⟶ **3700**

올림과 버림은 구하려는 자리의 아래 수를 올리거나 버리지만 반올림은 구하려는 자리 바로 아래 자리의 숫자를 살펴봐야 해요.

정답 및 풀이
294쪽

1 38 미만인 자연수 중에서 가장 큰 수를 구해 보세요.

(   )

2 수직선에 나타낸 수의 범위에 포함되지 <u>않는</u> 수는 어느 것인가요?

(   )

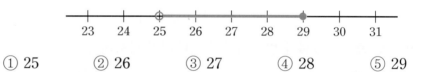

① 25   ② 26   ③ 27   ④ 28   ⑤ 29

3 무게가 4.6 kg인 물건을 무게가 0.4 kg인 상자에 넣어 택배를 보내려고 합니다. 택배 요금으로 얼마를 내야 하는지 구해 보세요.

(   )원

무게별 택배 요금

무게(kg)	요금(원)
2 이하	3500
2 초과 5 이하	4000
5 초과	5500

4 6.807을 올림, 버림, 반올림하여 소수 첫째 자리까지 나타내 보세요.

소수	올림	버림	반올림
6.807			

5 반올림하여 십의 자리까지 나타냈을 때 80이 되는 수의 범위를 이상과 미만을 사용하여 나타내 보세요.

(   )

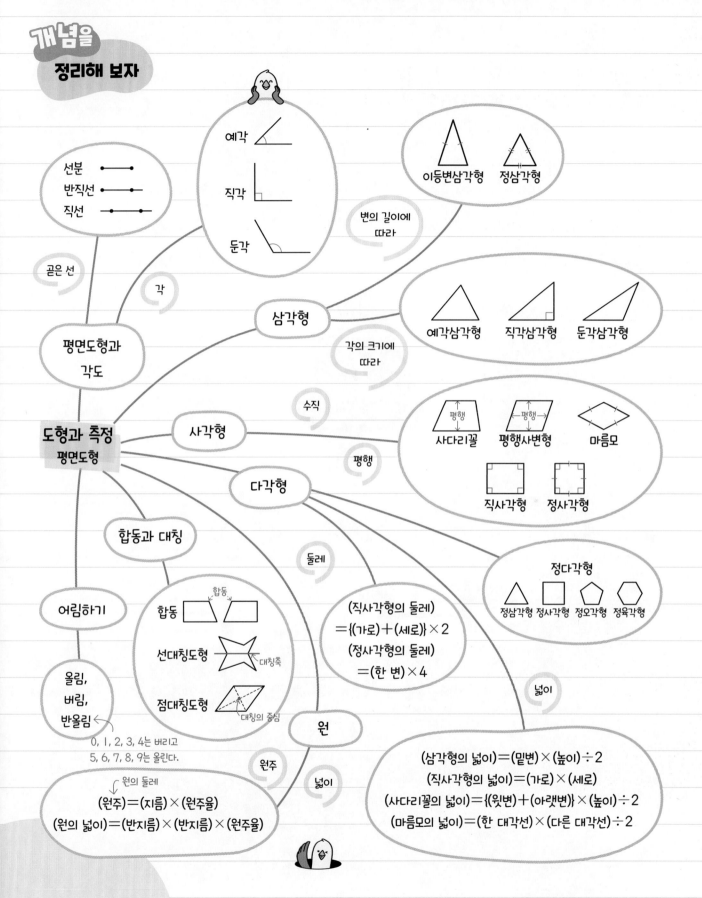

선분

반직선

직선

곧은 선

예각

직각

둔각

각

이등변삼각형   정삼각형

변의 길이에
따라

평면도형과
각도

삼각형

예각삼각형   직각삼각형   둔각삼각형

각의 크기에
따라

도형과 측정
평면도형

사각형

수직

평행

다각형

평행

평행

사다리꼴   평행사변형   마름모

직사각형   정사각형

합동과 대칭

둘레

정다각형

정삼각형 정사각형 정오각형 정육각형

어림하기

합동

합동

선대칭도형

대칭축

점대칭도형

대칭의 중심

(직사각형의 둘레)
＝{(가로)＋(세로)}×2
(정사각형의 둘레)
＝(한 변)×4

넓이

올림,
버림,
반올림

0, 1, 2, 3, 4는 버리고
5, 6, 7, 8, 9는 올린다.

원의 둘레

(원주)＝(지름)×(원주율)
(원의 넓이)＝(반지름)×(반지름)×(원주율)

원

원주

넓이

(삼각형의 넓이)＝(밑변)×(높이)÷2
(직사각형의 넓이)＝(가로)×(세로)
(사다리꼴의 넓이)＝{(윗변)＋(아랫변)}×(높이)÷2
(마름모의 넓이)＝(한 대각선)×(다른 대각선)÷2

4

도형과 측정
입체도형

✔이 작품은 네덜란드 화가 ○○○○의 폭포 입니다. '펜로즈 삼각형'의 원리가 사용된 그림으로, 폭포의 바닥에서 물이 수로를 따라 내리막길을 흐르는 듯하여 폭포의 정상으로 가는 반복 운동이 보이는 신기한 그림입니다. 이 화가의 이름을 알아볼까요?

상자 안의 모양에 대한 설명이 맞으면 ○, 틀리면 ✕에 있는 글자를 골라 숨어 있는 답을 찾으세요.

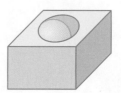

1 각진 부분이 있다.

○ 칸   ✕ 에

2 둥근 부분이 있다.

○ 스   ✕ 딘

3 잘 굴러갑니다.

○ 허   ✕ 스

4 쉽게 쌓을 수 있다.

○ 키   ✕ 르

정답은
294쪽에 있어요.

1 2 3 4

20
직육면체

#직육면체 #정육면체
#겨냥도 #전개도

76
직육면체, 정육면체

●● 이 물건들의 모양을 살펴봅시다.
공통점은 무엇일까요?

물건들은 모두 직사각형 6개로 둘러싸여 있습니다.

이와 같이 직사각형 6개로 둘러싸인 입체도형을 **직육면체**라고 합니다.

직육면체에서 선분으로 둘러싸인 부분을 **면**이라 하고, 면과 면이 만나는 선분을 **모서리**라고 합니다. 또, 모서리와 모서리가 만나는 점을 **꼭짓점**이라고 합니다.

직육면체

직육면체에는 면이 6개, 모서리가 12개, 꼭짓점이 8개 있습니다.

정육면체도
직육면체라고
할 수 있어요.

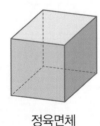

정육면체

또, 정사각형 6개로 둘러싸인 입체도형을 **정육면체**라고 합니다.

정사각형은 직사각형이므로 정사각형으로 둘러싸인 정육면체는 직육면체라고 할 수 있습니다. 하지만 직육면체는 정육면체라고 할 수 없습니다.

직육면체의 모서리는 길이가 같을 수도 있고 다를 수도 있지만 정육면체의 모든 모서리는 길이가 같습니다.

이제 직육면체의 성질에 대해 좀 더 알아볼까요?

그림과 같이 직육면체에서 색칠한 두 면처럼 계속 늘여도 만나지 않는 두 면 을 서로 평행하다고 합니다. 이 두 면을 직육면체의 **밑면**이라고 합니다.

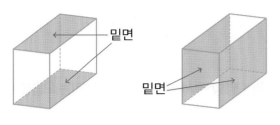

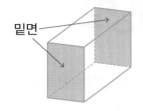

직육면체에서 서로 평행한 면은 모양과 크기가 같아요.

직육면체에는 서로 평행한 면이 3쌍 있고, 이 평행한 면은 각각 밑면이 될 수 있습니다.

또, 직육면체에서 밑면과 수직으로 만나는 면을 직육 면체의 **옆면**이라고 합니다.

직육면체에서 밑면 2개를 제외한 4개의 면이 옆면이 고, 밑면이 변함에 따라 옆면도 변합니다.

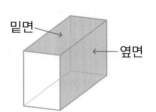

✏️ **직육면체와 정육면체의 공통점과 차이점을 잘 기억해 두세요.**

	면의 수(개)	모서리의 수(개)	꼭짓점의 수(개)	면의 모양
	← 공통점 →			차이점
직육면체	6	12	8	직사각형
정육면체	6	12	8	정사각형

77

겨냥도

●● 아래 그림은 한 직육면체를 여러 방향에서 관찰했을 때 보이는 모습을 나타낸 것입니다.

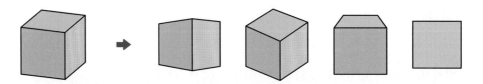

그런데 그림과 같이 보는 위치에 따라 보이는 면, 모서리, 꼭짓점의 수가 달라지고 안쪽은 보이지 않아서 직육면체의 모양을 잘 알 수 없습니다.

그래서 모양을 잘 알 수 있도록 나타낼 필요가 있는데, 다음과 같이 직육면체 모양을 잘 알 수 있도록 나타낸 그림을 직육면체의 겨냥도라고 합니다.

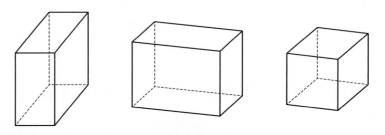

직육면체의 겨냥도를 그리는 방법

❶ 보이는 모서리는 실선으로, 보이지 않는 모서리는 점선으로 그립니다.
❷ 평행한 모서리는 평행하게 그립니다.

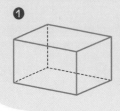 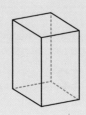 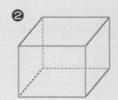

직육면체의 겨냥도에서 면, 모서리, 꼭짓점의 수를 알아보면 다음과 같습니다.

면 → 보이는 면: 3개 ⎫ 6개
보이지 않는 면: 3개 ⎭

모서리 → 보이는 모서리: 9개 ⎫ 12개
보이지 않는 모서리: 3개 ⎭

꼭짓점 → 보이는 꼭짓점: 7개 ⎫ 8개
보이지 않는 꼭짓점: 1개 ⎭

참고 ① 면: 밑면 1개와 옆면 2개가 보입니다.
② 모서리: 실선으로 그려진 모서리가 보이는 모서리이고, 점선으로 그려진 모서리가 보이지 않는 모서리입니다.
③ 꼭짓점: 점선으로 그려진 모서리가 만난 꼭짓점이 보이지 않는 꼭짓점입니다.

✎ **직육면체의 겨냥도를 잘못 그리지 않도록 주의하세요.**

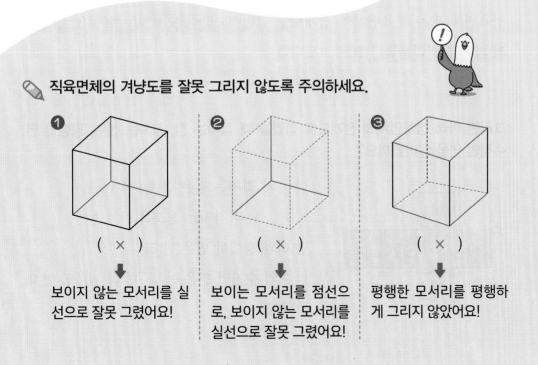

❶ (×)
→ 보이지 않는 모서리를 실선으로 잘못 그렸어요!

❷ (×)
→ 보이는 모서리를 점선으로, 보이지 않는 모서리를 실선으로 잘못 그렸어요!

❸ (×)
→ 평행한 모서리를 평행하게 그리지 않았어요!

78
전개도

●● **정육면체 모양의 상자를 펼쳐 볼까요?**

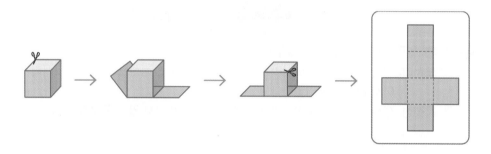

이와 같이 정육면체의 모든 면이 이어지도록 모서리를 잘라서 평면 위에 펼친 그림을 정육면체의 **전개도**라고 합니다. 마찬가지로 직육면체의 모든 면이 이어지도록 모서리를 잘라서 평면 위에 펼친 그림을 직육면체의 전개도라고 합니다.

정육면체 또는 직육면체의 전개도를 그릴 때 잘린 모서리는 실선으로, 잘리지 않은 모서리는 점선으로 그립니다.

그러면 아래 정육면체의 전개도를 접었을 때 겹치는 점, 겹치는 선분, 평행한 면, 수직인 면을 알아볼까요?

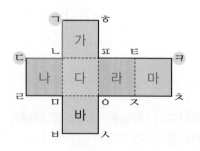

점 ㄱ과 겹치는 점은 점 ㄷ, 점 ㅋ,

선분 ㄱㄴ과 겹치는 선분은 선분 ㄷㄴ,

면 나와 평행한 면은 면 라,

면 가와 수직인 면은 면 나, 면 다, 면 라, 면 마 입니다.

이제 직육면체의 전개도를 살펴볼까요?

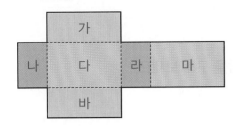

면 가와 면 바, 면 나와 면 라, 면 다와 면 마가 각각 **평행**합니다.

면 나와 **수직인 면**은 면 가, 면 다, 면 마, 면 바입니다.

평행한 면끼리는 모양과 크기가 같습니다. 또, 전개도를 접었을 때 겹치는 모서리와 꼭짓점이 없습니다.

이처럼 직육면체의 전개도는 면이 6개이고, 접었을 때 모양과 크기가 같은 면끼리 마주 볼 수 있는 위치에 있어야 합니다.

정육면체와 직육면체의 전개도는 다양한 방법으로 그릴 수 있습니다.

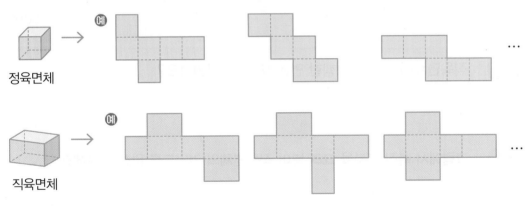

정육면체

직육면체

정육면체의 전개도는 모두 11가지가 있어요.

 직육면체의 전개도의 특징을 잘 기억해 두세요.

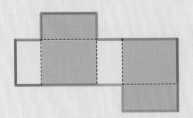

- 6개의 면으로 이루어져 있어요.
- 마주 보고 있는 3쌍의 면의 모양과 크기가 같아요.
- 접었을 때 겹치는 선분의 길이가 같아요.

정답 및 풀이
294쪽

1 그림을 보고 ㉠, ㉡, ㉢에 알맞은 수의 합을 구해 보세요.

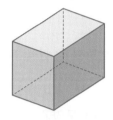

직육면체의 면은 ㉠ 개, 모서리는 ㉡ 개, 꼭짓점은 ㉢ 개입니다.

(   )

2 한 모서리가 5 cm인 정육면체의 모든 모서리의 합은 몇 cm인가요?

(   ) cm

3 직육면체에서 서로 평행한 면은 모두 몇 쌍인가요?

(   )쌍

4 그림에서 빠진 부분을 그려 넣어 직육면체의 겨냥도를 완성해 보세요.

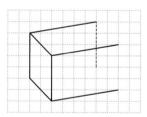

5 전개도를 접어서 정육면체를 만들었을 때 면 나와 평행한 면을 찾아 써 보세요.

가			
나	다	라	마
			바

(   )

21
각기둥과 각뿔

#각기둥 #각뿔

79
각기둥

●● 직육면체나 정육면체가 아닌 다른 입체도형에 대해 알아볼까요?

아래 그림과 같이 두 면이 서로 합동이고 평행한 다각형인 입체도형이 있습니다.

이와 같은 입체도형을 **각기둥**이라고 합니다.

각기둥에서 면 ㄱㄴㄷ과 면 ㄹㅁㅂ과 같이 서로 합동이고 평행한 두 면을 **밑면**이라고 합니다. 이때 두 밑면은 나머지 면들과 모두 수직으로 만납니다.
또, 면 ㄱㄹㅁㄴ, 면 ㄴㅁㅂㄷ, 면 ㄷㅂㄹㄱ과 같이 두 밑면과 만나는 면을 **옆면**이라고 합니다.
이때 각기둥의 옆면은 모두 직사각형입니다.

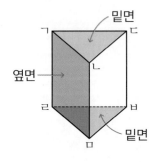

직육면체 와 정육면체 는 밑면의 모양이 사각형이므로 사각기둥이에요.

각기둥은 밑면의 모양에 따라 **삼각기둥, 사각기둥, 오각기둥**, …이라고 합니다.

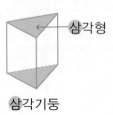

삼각기둥

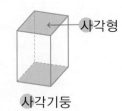

사각기둥

오각기둥

이번에는 각기둥을 이루고 있는 구성 요소에 대해 살펴볼까요?

각기둥에서 면과 면이 만나는 선분을 모서리라 하고, 모서리와 모서리가 만나는 점을 꼭짓점이라고 하며, 두 밑면 사이의 거리를 높이라고 합니다.

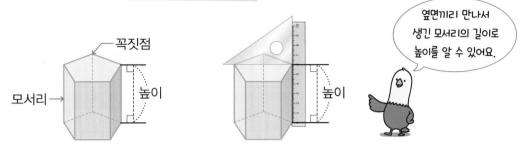

옆면끼리 만나서 생긴 모서리의 길이로 높이를 알 수 있어요.

각기둥에서 면, 모서리, 꼭짓점의 수를 알아보면 다음과 같습니다.

		면의 수(개)	모서리의 수(개)	꼭짓점의 수(개)
	삼각기둥 (한 밑면의 변의 수: 3)	5 ↳ 3+2	9 ↳ 3×3	6 ↳ 3×2
	사각기둥 (한 밑면의 변의 수: 4)	6 ↳ 4+2	12 ↳ 4×3	8 ↳ 4×2
	■각기둥 (한 밑면의 변의 수: ■)	■+2	■×3	■×2

✏️ 각기둥의 특징을 잘 기억해 두세요.

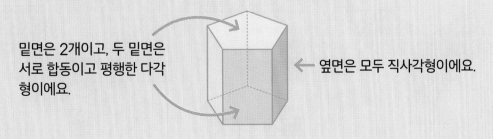

밑면은 2개이고, 두 밑면은 서로 합동이고 평행한 다각형이에요.

← 옆면은 모두 직사각형이에요.

이번에는 각기둥의 전개도를 알아볼까요?

삼각기둥 모양인 상자의 모서리를 잘라서 펼쳤더니 다음과 같은 모양이 되었습니다.

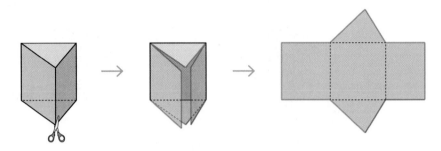

이와 같이 각기둥의 모든 면이 이어지도록 모서리를 잘라서 평면 위에 펼친 그림을 각기둥의 **전개도**라고 합니다.

위 전개도를 처음 모양으로 접었을 때 색이 같은 선분끼리 서로 겹치므로 그 길이는 같습니다.

또, 각기둥의 전개도에서 밑면의 모양을 보고 각기둥의 이름을 알 수 있습니다.

✏️ **여러 가지 각기둥의 전개도를 알아 두세요.**

각기둥의 전개도에서 밑면이 아닌 면은 모두 옆면으로 직사각형이에요.

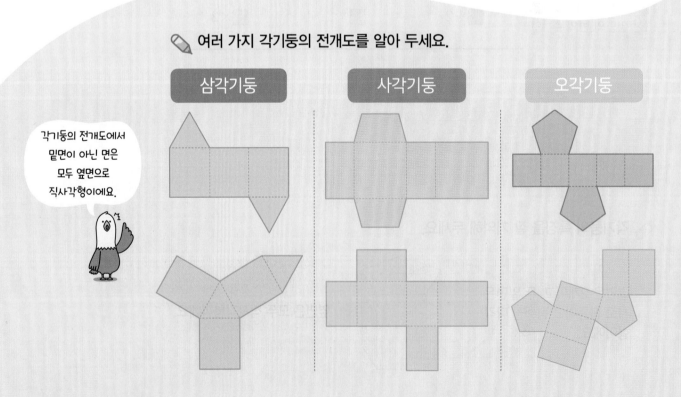

삼각기둥　　사각기둥　　오각기둥

각기둥의 전개도 그리기

각기둥의 전개도는 어느 모서리를 자르는가에 따라 여러 가지 모양이 나올 수 있습니다.

각기둥의 전개도를 그리기 전에 확인할 사항

☑ 밑면과 옆면의 개수
예 삼각기둥은 밑면이 2개, 옆면이 3개입니다.

☑ 밑면과 옆면의 모양
예 삼각기둥의 밑면은 합동인 삼각형, 옆면은 직사각형입니다.

☑ 전개도를 그릴 때 잘린 모서리는 실선으로, 잘리지 않은 모서리는 점선으로 그립니다.

이제 아래 그림과 같은 삼각기둥의 전개도를 그려 봅시다.

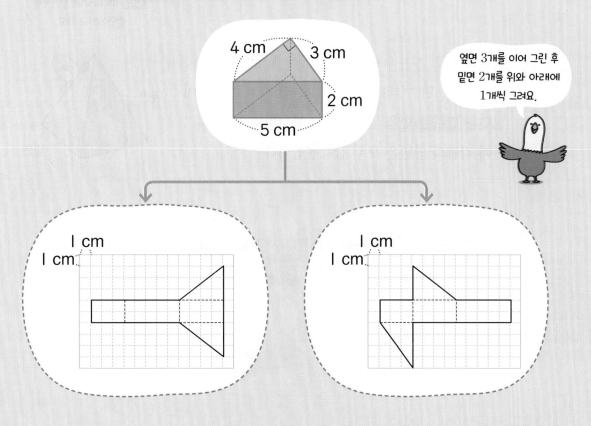

옆면 3개를 이어 그린 후 밑면 2개를 위와 아래에 1개씩 그려요.

80
각뿔

●● 입체도형 중에서 아래 그림과 같이 밑에 놓인 면이 다각형이고 옆으로 둘러싼 면이 모두 삼각형인 것도 있습니다.

이와 같은 입체도형을 각뿔이라고 합니다.

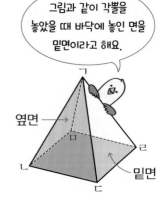

그림과 같이 각뿔을 놓았을 때 바닥에 놓인 면을 밑면이라고 해요.

각뿔에서 면 ㄴㄷㄹㅁ과 같은 면을 밑면이라 하고, 면 ㄱㄴㄷ, 면 ㄱㄷㄹ, 면 ㄱㄹㅁ, 면 ㄱㅁㄴ과 같이 밑면과 만나는 면을 옆면이라고 합니다.
이때 각뿔의 옆면은 모두 삼각형입니다.

각뿔은 밑면의 모양에 따라 삼각뿔, 사각뿔, 오각뿔, …이라고 합니다.

이번에는 각뿔을 이루고 있는 구성 요소에 대해 살펴볼까요?

각뿔에서 면과 면이 만나는 선분을 모서리라 하고, 모서리와 모서리가 만나는 점을 꼭짓점이라고 합니다. 꼭짓점 중에서도 옆면이 모두 만나는 점을 각뿔의 꼭짓점이라 하고, 각뿔의 꼭짓점에서 밑면에 수직으로 내린 선분의 길이를 높이라고 합니다.

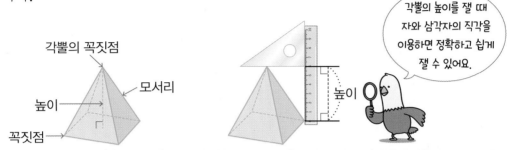

각뿔의 높이를 잴 때 자와 삼각자의 직각을 이용하면 정확하고 쉽게 잴 수 있어요.

각뿔에서 면, 모서리, 꼭짓점의 수를 알아보면 다음과 같습니다.

		면의 수(개)	모서리의 수(개)	꼭짓점의 수(개)
	삼각뿔 (밑면의 변의 수: 3)	4 ↳ 3+1	6 ↳ 3×2	4 ↳ 3+1
	사각뿔 (밑면의 변의 수: 4)	5 ↳ 4+1	8 ↳ 4×2	5 ↳ 4+1
	▢ 각뿔 (한 밑면의 변의 수: ▢)	▢+1	▢×2	▢+1

✏️ 각뿔의 특징을 잘 기억해 두세요.

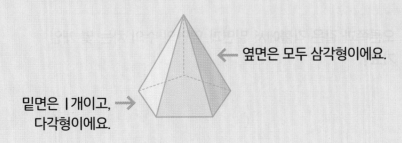

← 옆면은 모두 삼각형이에요.

밑면은 1개이고, → 다각형이에요.

확인해 보자

정답 및 풀이
294쪽

1 밑면의 모양이 다음과 같은 각기둥의 모서리의 수는 몇 개인가요?

(　　　　)개

2 각기둥의 전개도를 보고 □ 안에 알맞은 수를 써넣으세요.

□ cm

9 cm

□ cm　8 cm　6 cm

3 어떤 입체도형에 대한 설명인가요?

- 밑면은 구각형이고 1개입니다.
- 옆면은 모두 삼각형입니다.

(　　　　)

4 오른쪽과 같은 각뿔에서 밑면과 옆면의 수의 차는 몇 개인가요?

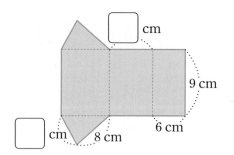

(　　　　)개

22

직육면체의
부피와 겉넓이

#직육면체 #정육면체
#부피 #겉넓이

81 직육면체와 정육면체의 부피

●● 부피란 무엇이고, 어떻게 구할까요?

입체도형이 공간에서 차지하는 크기를 부피라고 합니다.

부피를 나타낼 때 사용하는 단위로 1 cm^3와 1 m^3가 있습니다.

> 한 모서리가 1 cm인 정육면체의 부피를 1 cm^3라 쓰고, 1 세제곱센티미터라고 읽습니다. 또, 한 모서리가 1 m인 정육면체의 부피를 1 m^3라 쓰고, 1 세제곱미터라고 읽습니다.

이제 부피가 1 cm^3인 쌓기나무를 사용하여 가로 5 cm, 세로 3 cm, 높이 4 cm인 직육면체의 부피를 구해 볼까요?

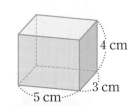

 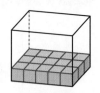

이 직육면체는 가로가 5 cm, 세로가 3 cm이므로 직육면체의 한 층에 놓인 쌓기나무는 $5 \times 3 = 15$(개)입니다. 그리고 높이가 4 cm이므로 4층으로 쌓으면 쌓기나무는 모두 $5 \times 3 \times 4 = 60$(개)입니다.

즉, 부피가 1 cm^3인 쌓기나무가 60개이므로 이 직육면체의 부피는 60 cm^3입니다.

따라서 직육면체의 부피는 다음과 같이 구할 수 있습니다.

(직육면체의 부피)＝(가로)×(세로)×(높이)
　　　　　　　　＝(한 밑면의 넓이)×(높이)

밑면의 쌓기나무가 높이만큼 쌓여 있다고 보면 '(한 밑면의 넓이)×(높이)'로 구할 수 있어요.

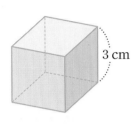

3 cm

그럼 한 모서리가 3 cm인 정육면체의 부피는 어떻게 구할까요?

정육면체의 모든 모서리는 길이가 똑같기 때문에 가로, 세로, 높이가 모두 3 cm입니다. 즉, 이 정육면체의 부피는 $3×3×3＝27$ (cm³)입니다.

따라서 정육면체의 부피는 다음과 같이 구할 수 있습니다.

(정육면체의 부피)
＝(한 모서리)×(한 모서리)×(한 모서리)

✏️ 직육면체와 정육면체의 부피 구하는 방법을 잘 기억해 두세요.

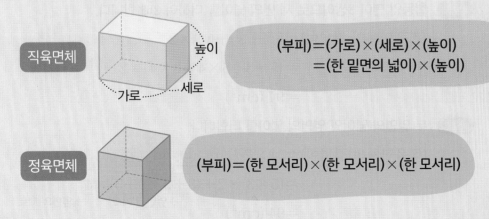

직육면체

높이
가로　세로

(부피)＝(가로)×(세로)×(높이)
　　　＝(한 밑면의 넓이)×(높이)

정육면체

(부피)＝(한 모서리)×(한 모서리)×(한 모서리)

82

직육면체와 정육면체의 겉넓이

●● 겉넓이란 무엇이고, 어떻게 구할까요?

입체도형의 겉면의 넓이를 겉넓이라고 합니다.

가로 5 cm, 세로 3 cm, 높이 4 cm인 직육면체의 겉넓이를 다음 세 가지 방법으로 구해 봅시다.

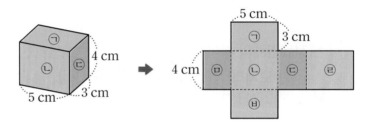

방법 1 여섯 면의 넓이를 각각 구해 모두 더합니다.

(직육면체의 겉넓이)$= ㉠+㉡+㉢+㉣+㉤+㉥$

$= (5 \times 3)+(5 \times 4)+(3 \times 4)+(5 \times 4)+(3 \times 4)$

$\qquad +(5 \times 3)$

$= 94 \, (\text{cm}^2)$

방법 2 합동인 면이 3쌍이므로 세 면의 넓이를 더하여 2배 합니다.

(직육면체의 겉넓이)$= (㉠+㉡+㉢) \times 2$

$= (5 \times 3 + 5 \times 4 + 3 \times 4) \times 2$

$= 94 \, (\text{cm}^2)$

옆면의 넓이는
㉤, ㉡, ㉢, ㉣을
하나의 직사각형으로 보고
넓이를 구하면 돼요.

방법 3 두 밑면의 넓이와 옆면의 넓이를 더합니다.

(직육면체의 겉넓이)$= ㉠ \times 2 + (\underline{㉤, ㉡, ㉢, ㉣})$

$\qquad\qquad\qquad\qquad\qquad \rightarrow$옆면

$= (5 \times 3) \times 2 + (\underline{3+5+3+5}) \times \underline{4}$

$\qquad\qquad\qquad\qquad \rightarrow$옆면의 가로 $\quad \rightarrow$옆면의 세로

$= 94 \, (\text{cm}^2)$

이제 한 모서리가 3 cm인 정육면체의 겉넓이를 구해 볼까요?

정육면체는 여섯 면이 모두 합동이므로 넓이가 모두 같습니다. 따라서 한 면의 넓이를 구한 뒤 6배 합니다.

즉, 한 모서리가 3 cm인 정육면체의 겉넓이는 $(3 \times 3) \times 6 = 54 \ (\text{cm}^2)$입니다.

> (정육면체의 겉넓이)=(한 면의 넓이)×6
> =(한 모서리)×(한 모서리)×6

✏️ 직육면체와 정육면체의 겉넓이 구하는 방법을 잘 기억해 두세요.

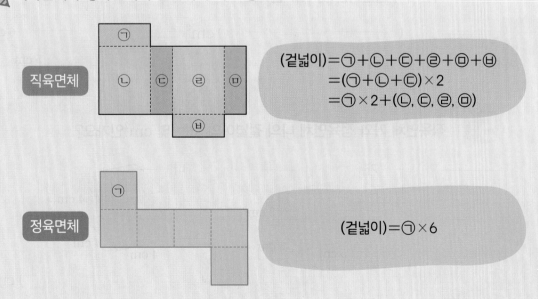

직육면체

$$(겉넓이)=㉠+㉡+㉢+㉣+㉤+㉥$$
$$=(㉠+㉡+㉢) \times 2$$
$$=㉠ \times 2+(㉡, ㉢, ㉣, ㉤)$$

정육면체

$$(겉넓이)=㉠ \times 6$$

정답 및 풀이
295쪽

1 오른쪽 직육면체의 부피는 몇 cm^3인가요?

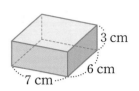

(   ) cm^3

2 한 모서리가 8 cm인 정육면체의 부피는 몇 cm^3인가요?

(   ) cm^3

3 정육면체 가와 직육면체 나 중 부피가 더 큰 것은 어느 것인가요?

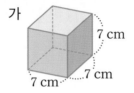

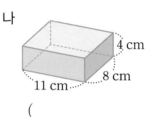

(   )

4 오른쪽 전개도를 이용하여 만들 수 있는 직육면체의 겉넓이는 몇 cm^2인가요?

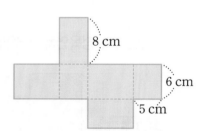

(   ) cm^2

5 직육면체 가와 정육면체 나의 겉넓이의 차는 몇 cm^2인가요?

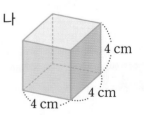

(   ) cm^2

23
원기둥, 원뿔, 구

#원기둥 #원뿔 #구

83
원기둥

●● 기둥 모양의 입체도형 중에 아래 그림과 같이 각기둥이 아닌 것이 있습니다.

이와 같이 서로 합동이고 평행한 두 원을 면으로 하는 입체도형을 **원기둥**이라고 합니다.

원기둥에서 서로 합동이고 평행한 두 원을 **밑면**이라 하고, 두 밑면과 만나는 굽은 면을 **옆면**이라고 합니다. 또, 두 밑면 사이의 거리를 **높이**라고 합니다.

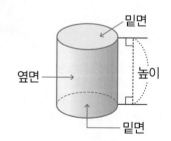

밑면

높이

옆면

밑면

원기둥은 각기둥과 달리 꼭짓점과 모서리가 없어요.

✏️ 원기둥의 특징을 잘 기억해 두세요.

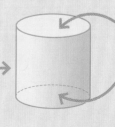

옆면은 굽은 면이어서 → 굴리면 잘 굴러가요.

밑면은 2개이고, 두 밑면은 서로 합동인 원이며 평행해요.

또, 오른쪽과 같이 직사각형 모양의 종이를 한 변을 기준으로 한 바퀴 돌리면 원기둥이 됩니다.

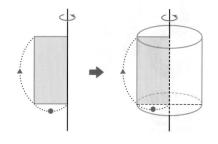

돌리기 전의 직사각형의 가로는 원기둥의 밑면의 반지름과 같고, 직사각형의 세로는 원기둥의 높이와 같습니다.

이제 원기둥의 전개도에 대해 알아볼까요?

원기둥의 모든 면이 이어지도록 잘라서 평면 위에 펼친 그림을 원기둥의 **전개도**라고 합니다.

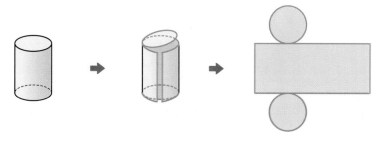

원기둥의 전개도에서 밑면은 원 모양이고, 옆면은 직사각형 모양입니다. 이때 옆면의 세로는 원기둥의 높이와 같습니다. 또, 옆면의 가로는 원기둥의 밑면의 둘레와 같고, (밑면의 지름)×(원주율)로 구할 수 있습니다.

✏️ **원기둥의 전개도에서 각 부분의 길이를 잘 기억해 두세요.**

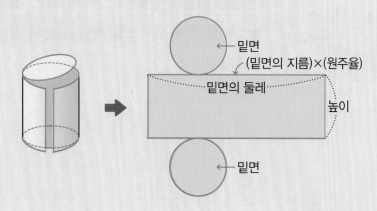

84
원뿔

●● 밑면이 원 모양인 입체도형 중에 아래 그림과 같이 원기둥이 아닌 것이 있습니다.

이와 같이 한 원을 면으로 하는 뿔 모양의 입체도형을 **원뿔**이라고 합니다.

원뿔에서 원을 밑면, 원과 만나는 굽은 면을 옆면, 뾰족한 부분의 점을 원뿔의 꼭짓점이라고 합니다.

또, 원뿔에서 원뿔의 꼭짓점과 밑면인 원의 둘레의 한 점을 이은 선분을 모선이라 하고, 원뿔의 꼭짓점에서 밑면에 수직으로 내린 선분의 길이를 높이라고 합니다.

원뿔에서 모선의 길이는 항상 높이보다 길어요.

원뿔의 높이와 모선의 길이, 밑면의 지름을 재는 방법은 다음과 같습니다.

높이: 4 cm   모선의 길이: 5 cm   밑면의 지름: 6 cm

다음과 같이 직각삼각형 모양의 종이를 한 변을 기준으로 한 바퀴 돌리면 원뿔이 됩니다.

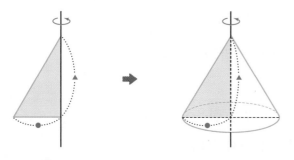

돌리기 전의 직각삼각형의 밑변의 길이는 원뿔의 밑면의 반지름과 같고, 직각삼각형의 높이는 원뿔의 높이와 같습니다.

✏️ 원뿔의 특징을 잘 기억해 두세요.

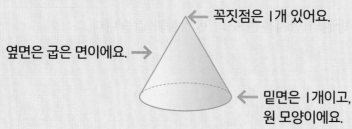

꼭짓점은 1개 있어요.

옆면은 굽은 면이에요.

밑면은 1개이고, 원 모양이에요.

85

구

● ● 어느 방향에서 보아도 원 모양인 입체도형이 있습니다.

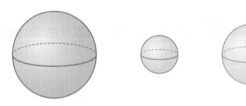

이와 같은 입체도형을 **구**라고 합니다.

구의 반지름은 모두 같고, 무수히 많아요.

구에서 가장 안쪽에 있는 점을 **구의 중심**이라 하고, 구의 중심에서 구의 겉면의 한 점을 이은 선분을 **구의 반지름**이라고 합니다.

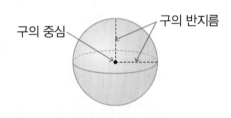

다음과 같이 반원 모양의 종이를 지름을 기준으로 한 바퀴 돌리면 구가 됩니다.

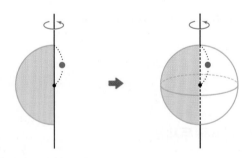

돌리기 전의 반원의 반지름은 구의 반지름과 같습니다.

✏️ 원기둥, 원뿔, 구의 특징을 비교하여 알아 두세요.

원기둥, 원뿔, 구의 특징 비교

입체도형	원기둥	원뿔	구
밑면의 수	2개	1개	없음
모양	기둥 모양	뿔 모양	공 모양
꼭짓점의 수	없음	1개	없음
위에서 본 모양	원	원	원
앞에서 본 모양	직사각형	삼각형	원
옆에서 본 모양	직사각형	삼각형	원
공통점	굽은 면으로 둘러싸여 있음		

구는 어느 방향에서 보아도 원 모양이에요.

확인해 보자

정답 및 풀이
295쪽

1 원기둥과 원기둥의 전개도를 보고 □ 안에 알맞은 수를 써넣으세요.

(원주율: 3.1)

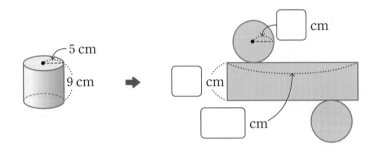

2 오른쪽 원뿔에서 모선의 길이, 높이는 각각 몇 cm인가요?

모선의 길이 (   ) cm
높이 (   ) cm

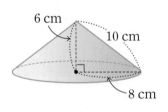

3 반원 모양의 종이를 지름을 기준으로 한 바퀴 돌려서 만든 입체도형의 반지름은 몇 cm인가요?

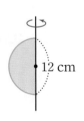

(   ) cm

4 원기둥, 원뿔, 구의 구성 요소 중 무수히 많은 것을 모두 고르세요.

┌───┐
│ ㉠ 원기둥의 밑면   ㉡ 원뿔의 꼭짓점 │
│ ㉢ 원뿔의 모선   ㉣ 구의 반지름 │
└───┘

(   )

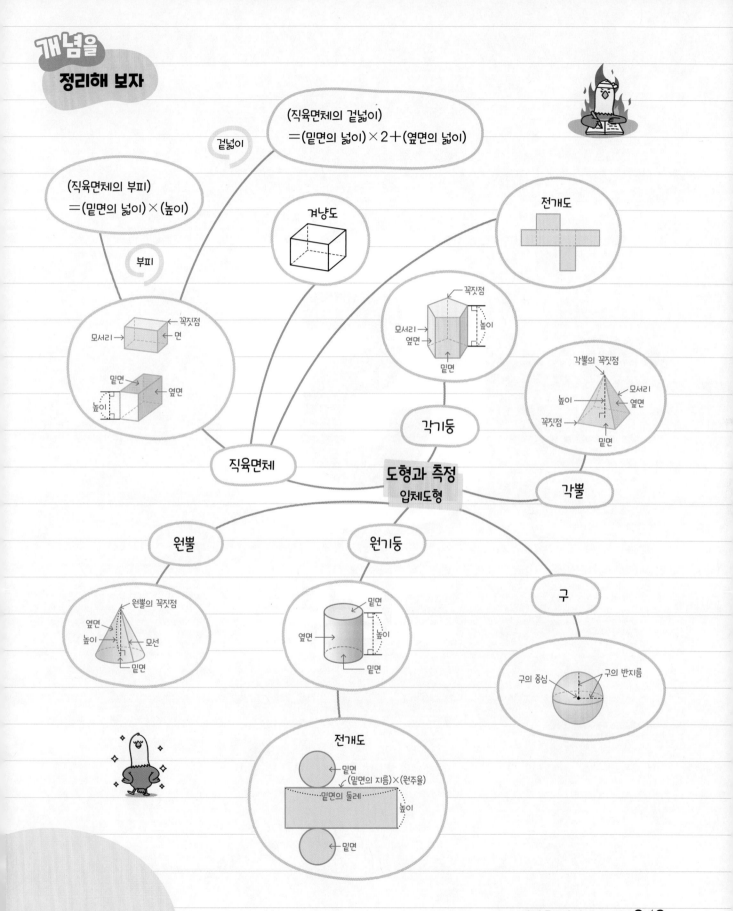

(직육면체의 겉넓이)
＝(밑면의 넓이)×2＋(옆면의 넓이)

겉넓이

(직육면체의 부피)
＝(밑면의 넓이)×(높이)

부피

겨냥도

전개도

꼭짓점
모서리 ← 면
밑면 ← 옆면
높이

꼭짓점
모서리 ← 옆면
밑면 높이

각뿔의 꼭짓점
모서리
높이 ← 옆면
꼭짓점
밑면

직육면체

각기둥

도형과 측정
입체도형

각뿔

원뿔

원기둥

구

원뿔의 꼭짓점
옆면
높이 ← 모선
밑면

밑면
옆면 → 높이
밑면

구의 중심 구의 반지름

전개도

밑면
(밑면의 지름)×(원주율)
밑면의 둘레 높이
밑면

규칙성

✔ 어리석어 보이는 일일지라도 끊임없이 노력하면 마침내 큰일을 이룰 수 있다는 뜻을 가진 사자성어를 알아볼까요?

문제를 풀어 [?] 안에 알맞은 것을 구하면 사자성어를 알 수 있어요.

1 　4　8　12　16　20
오른쪽으로 갈수록 [?] 씩 커집니다.

(2 절)　(4 우)

2 　●○◐●○◐ [?]

(● 공)　(○ 차)

3 　♥★◆♥★◆♥ [?]

(◆ 탁)　(★ 이)

4 　[˙] [˙] [.] [..] [?] [˙]

([˙] 산)　([.] 마)

정답은
295쪽에 있어요.

1	2	3	4

24

규칙 찾기

#배열 #계산식 #대응 관계

86
수, 모양의 배열에서 규칙 찾기

●● **수의 배열에서 규칙을**
찾아볼까요?

이 수의 배열에서 여러 가지
규칙을 찾을 수 있습니다.

501	502	503	504	505
401	402	403	404	405
301	302	303	304	305
201	202	203	204	205
101	102	103	104	105

→ 방향

$101 \underset{+1}{—} 102 \underset{+1}{—} 103 \underset{+1}{—} 104 \underset{+1}{—} 105$

규칙
101부터 →방향으로
1씩 커집니다.

↗ 방향

$101 \underset{+101}{—} 202 \underset{+101}{—} 303 \underset{+101}{—} 404 \underset{+101}{—} 505$

규칙
101부터 ↗방향으로
101씩 커집니다.

↓ 방향

$503 \underset{-100}{—} 403 \underset{-100}{—} 303 \underset{-100}{—} 203 \underset{-100}{—} 103$

규칙
503부터 ↓방향으로
100씩 작아집니다.

↘ 방향

$501 \underset{-99}{—} 402 \underset{-99}{—} 303 \underset{-99}{—} 204 \underset{-99}{—} 105$

규칙
501부터 ↘방향으로
99씩 작아집니다.

이제 모양의 배열에서 규칙을 찾고, 다섯째 모양의 모형의 수를 구해 볼까요?

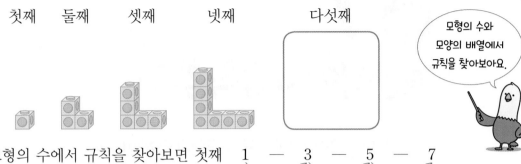

모형의 수와
모양의 배열에서
규칙을 찾아보아요.

먼저 모형의 수에서 규칙을 찾아보면 첫째
는 1개, 둘째는 3개, 셋째는 5개, 넷째는 7

$$1 \xrightarrow{+2} 3 \xrightarrow{+2} 5 \xrightarrow{+2} 7$$

개로 2개씩 늘어납니다.

따라서 다섯째 모양은 넷째 모양보다 모형이 2개 늘어나므로 다섯째 모양의
모형은 7+2=9 (개)입니다.

또, 모형의 배열에서 규칙을 찾아보면 모형이 1개에서 시작하여 오른쪽과 위
쪽으로 각각 1개씩 늘어납니다.

따라서 다섯째 모양은 넷째 모양에서 오른쪽과 위쪽으로
각각 1개씩 늘어나므로 다섯째에 알맞은 모양은 오른쪽과
같음을 알 수 있습니다.

✏️ 화살표 방향으로 규칙을 찾는 방법을 기억해 두세요.

영화관 좌석표

A1	A2	A3	A4	A5
B1	B2	B3	B4	B5
C1	C2	C3	C4	C5
D1	D2	D3	D4	D5

알파벳은 A, B, C, …의
순서로 바뀌고 수는 1씩
작아지는 규칙이에요.

87 계산식에서 규칙 찾기

●● 덧셈식의 배열에서 어떤 규칙이 있는지 찾아볼까요?

순서	덧셈식
첫째	$8+2=10$
둘째	$88+22=110$
셋째	$888+222=1110$
넷째	$8888+2222=11110$
다섯째	

8이 1개씩 늘어나는 수와 2가 1개씩 늘어나는 수를 더하면 계산 결과는 10, 110, 1110, 11110, …과 같이 1과 0 사이에 1이 1개씩 늘어납니다.

다섯째 빈칸에 알맞은 덧셈식 ➡ $88888+22222=111110$

또, 뺄셈식의 배열에서 어떤 규칙이 있는지 찾아볼까요?

순서	뺄셈식
첫째	$999-111=888$
둘째	$989-121=868$
셋째	$979-131=848$
넷째	$969-141=828$
다섯째	

빼지는 수는 작아지고 빼는 수는 점점 커지고 있어요!

빼지는 수가 10씩 작아지고 빼는 수가 10씩 커지면 계산 결과는 20씩 작아집니다.

다섯째 빈칸에 알맞은 뺄셈식 ➡ $959-151=808$

곱셈식의 배열에서 어떤 규칙이 있는지 찾아볼까요?

순서	곱셈식
첫째	$5 \times 10 = 50$
둘째	$5 \times 20 = 100$
셋째	$5 \times 30 = 150$
넷째	$5 \times 40 = 200$
다섯째	

5에 십의 자리 수가 1씩 커지는 수를 곱하면 계산 결과는 50씩 커집니다.

다섯째 빈칸에 알맞은 곱셈식 ➡ $5 \times 50 = 250$

또, 나눗셈식의 배열에서 어떤 규칙이 있는지 찾아볼까요?

순서	나눗셈식
첫째	$110 \div 11 = 10$
둘째	$220 \div 22 = 10$
셋째	$330 \div 33 = 10$
넷째	$440 \div 44 = 10$
다섯째	

나누어지는 수와 나누는 수는 변하고 있는데 몫은 일정해요!

나누어지는 수가 2배, 3배, 4배, …가 되고 나누는 수가 2배, 3배, 4배, …가 되면 몫은 10으로 일정합니다.

다섯째 빈칸에 알맞은 나눗셈식 ➡ $550 \div 55 = 10$

✏️ 계산식의 배열에서 규칙을 찾아보세요.

$900 - 800 = 100$
$800 - 700 = 100$

[   ] ← $700 - 600 = 100$

$600 - 500 = 100$

빼는 수와 빼지는 수 모두 100씩 작아지면 결괏값이 100으로 일정해요.

88
대응 관계에서 규칙 찾아 식으로 나타내기

●● 모양 배열에서 사각형 수와 삼각형 수 사이의 대응 관계를 알아볼까요?

사각형 수와 삼각형 수를 표에 나타내 봅시다.

사각형 수(개)	1	2	3	4	
삼각형 수(개)	2	3	4	5	$\bigg)+1$

삼각형 수는 사각형 수보다 1개 많습니다.

이때 사각형 수와 삼각형 수 사이의 대응 관계를 식으로 나타낼 수 있습니다.

> (사각형 수)+1=(삼각형 수) 또는 (삼각형 수)−1=(사각형 수)

사각형 수는
삼각형 수보다
1개 적어요.

또, 사각형 수를 ◇, 삼각형 수를 ☆이라고 할 때, ◇와 ☆을 사용하여 사각형 수와 삼각형 수 사이의 대응 관계를 식으로 간단하게 나타낼 수 있습니다.

> ◇+1=☆ 또는 ☆−1=◇

두 양 사이의 대응 관계를 식으로 나타낼 때는 각 양을 ○, □, △, ☆ 등과 같은 기호로 나타낼 수 있습니다.

이번에는 상자 수와 도넛 수 사이의 대응 관계를 식으로 나타내 볼까요?

먼저 상자 수와 도넛 수를 표에 나타내 봅시다.

상자 수(개)	1	2	3	4
도넛 수(개)	4	8	12	16

×4

상자가 1개 늘어날 때마다 도넛은 4개씩 늘어납니다.

즉, 상자 수에 4를 곱하면 도넛 수가 되므로 상자 수와 도넛 수 사이의 대응 관계를 식으로 나타낼 수 있습니다.

$$(상자 수) \times 4 = (도넛 수) \quad 또는 \quad (도넛 수) \div 4 = (상자 수)$$

이때 상자 수와 도넛 수를 기호로 나타내고, 기호를 사용하여 두 양 사이의 대응 관계를 식으로 간단하게 나타내면 다음과 같습니다.

□, ○ 대신
다른 기호를 사용해서
나타낼 수도 있어요.

'상자 수'를 나타내는 기호	□
'도넛 수'를 나타내는 기호	○

➡ $\square \times 4 = \bigcirc \quad 또는 \quad \bigcirc \div 4 = \square$

 두 양 사이의 대응 관계를 식으로 간단하게 나타내는 방법을 잘 알아두세요.

서로 대응하는 두 양		대응 관계를 나타낸 식
자동차 수 (기호: △)	자동차의 바퀴 수 (기호: ○)	$\triangle \times 4 = \bigcirc$ 또는 $\bigcirc \div 4 = \triangle$

1 수 배열의 규칙에 따라 빈칸에 알맞은 수를 구해 보세요.

2	10	50	250	

2 모양의 배열을 보고 다섯째 모양에는 사각형이 몇 개일지 구해 보세요.

첫째   둘째   셋째   넷째   다섯째

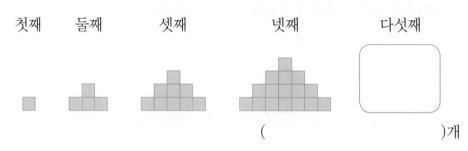

(   )개

3 계산식의 규칙에 따라 빈칸에 알맞은 식을 써넣으세요.

$$123+456=579$$
$$223+456=679$$
$$323+456=779$$

$$523+456=979$$

[**4**~**5**] 유안이의 동생은 유안이보다 4살 더 적습니다. 물음에 답하세요.

4 유안이의 나이를 ○, 동생의 나이를 ☆이라고 할 때, 두 양 사이의 대응 관계를 식으로 나타내 보세요.

식 _____

5 유안이가 14살일 때 유안이의 동생은 몇 살일까요?

(   )살

25
비와 비율

#비 #비율 #백분율

89

비와 비율

●● 맛있는 레몬주스를 만들기 위해 필요한
레몬청의 양과 물의 양을 비교하려면 뺄셈과
나눗셈 중에서 어느 방법이 더 좋을까요?

> 맛있는 레몬주스
> 1병을 만드는 방법
>
> 레몬청 1컵과
> 물 5컵을
> 섞어 주세요.

레몬청의 양과 물의 양을 뺄셈으로 비교하면

5−1=4, 즉 '물이 레몬청보다 4컵 더 많습니다.'

라고 말할 수 있고, 나눗셈으로 비교하면

5÷1=5, 즉 '물의 양이 레몬청의 양의 5배입니다.'

라고 말할 수 있습니다.

이때 레몬주스를 1병, 2병, 3병, … 만들기 위해 레몬청은 1컵, 2컵, 3컵,
…, 물은 5컵, 10컵, 15컵, …이 각각 필요하므로 항상 물의 양은 레몬청의
양의 5배입니다.

따라서 필요한 레몬청의 양과 물의 양을 비교하려면 나눗셈으로 비교하는 것
이 좋습니다.

기호 : 뒤에 나온
수가 기준이에요.

> 두 수를 나눗셈으로 비교하기 위해 기호 :을 사용하여 나타낸 것을
> 비라고 합니다. 1과 5의 비를 1:5라 쓰고 1 대 5라고 읽습니다.
> 1과 5의 비는 '1의 5에 대한 비', '5에 대한 1의 비'라고도 합니다.
> 1:5에서 기호 :의 오른쪽에 있는 5는 기준량이고, 왼쪽에 있는 1
> 은 비교하는 양입니다.

비 7 : 20에서 기준량은 20, 비교하는 양은 7입니다.

$7 : 20$

↑ 비교하는 양   ↑ 기준량

이때 비교하는 양은 기준량의 몇 배인지 분수로 나타내면

$$7 \div 20 = \frac{7}{20}$$

이므로 비교하는 양은 기준량의 $\frac{7}{20}$배입니다. 소수로 나타내면

$$7 \div 20 = 0.35$$

이므로 비교하는 양은 기준량의 0.35배입니다.

이렇게 기준량에 대한 비교하는 양의 크기를 비율이라고 합니다.

$$(비율) = (비교하는\ 양) \div (기준량) = \frac{(비교하는\ 양)}{(기준량)}$$

따라서 비 7 : 20을 비율로 나타내면 $\frac{7}{20}$ 또는 0.35입니다.

✎ 비를 읽는 방법과 비율을 구하는 방법을 잘 기억해 두세요.

● : ▲ ─── ● 대 ▲
　　　　　　 ● 의 ▲ 에 대한 비
　　　　　　 ▲ 에 대한 ● 의 비

● : ▲ ➡ $(비율) = \dfrac{●}{▲}$ ← 비교하는 양
　　　　　　　　　　　　　　← 기준량

90
백분율

●● 도넛 가게에서 초코 도넛은 50
개 중 30개, 딸기 도넛은 20개 중
15개가 판매되었습니다. 초코 도넛
과 딸기 도넛의 판매율을 어떻게
비교할 수 있을까요?

초코 도넛과 딸기 도넛은 기준량이 달라서 비교하기 어렵습니다.

만약 두 도넛이 각각 100개 있었다면 몇 개씩 판매된 것인지 알아볼까요?

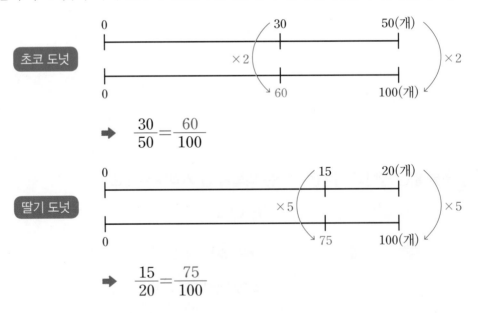

➡ $\dfrac{30}{50} = \dfrac{60}{100}$

➡ $\dfrac{15}{20} = \dfrac{75}{100}$

두 도넛의 기준량을 똑같이 100개로 생각하여 비교해 보면 초코 도넛은 60개,
딸기 도넛은 75개 팔린 것이므로 딸기 도넛의 판매율이 더 높음을 알 수 있습
니다.

기준량을 100으로 할 때의 비율을 백분율이라고 하고, 백분율은 기호 %를 사용하여 나타냅니다.

비율 $\frac{75}{100}$는 75 %라 쓰고 75퍼센트라고 읽습니다.

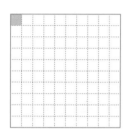

$\frac{1}{100} = 1\,\%$

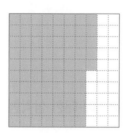

$\frac{75}{100} = 75\,\%$

소수나 분수로 나타낸 비율을 백분율로 나타내는 방법을 알아볼까요?

방법 1 기준량이 100인 비율로 나타낸 후 백분율로 나타냅니다.

예 $\frac{3}{20}$ ➡ $\frac{3}{20} = \frac{15}{100} = 15\,\%$

방법 2 비율에 100을 곱해서 나온 값에 기호 %를 붙입니다.

예 $\frac{3}{20}$ ➡ $\frac{3}{20} \times 100 = 15$ ➡ 15 %,

0.31 ➡ $0.31 \times 100 = 31$ ➡ 31 %

백분율을 다시 분수나 소수로 나타낼 때에는 백분율에서 기호 %를 뺀 후, 100으로 나누어요.

✎ 비율을 백분율로 나타내는 방법을 잘 기억해 두세요.

| 소수와 백분율 | **0.2** ➡ 20 % |

비율에 100을 곱해요! 그리고 기호 %를 붙여요.

| 분수와 백분율 | $\frac{2}{5}$ ➡ 40 % |

정답 및 풀이
295쪽

1 소후네 반에는 여학생이 11명, 남학생이 13명 있습니다. 여학생 수와 남학생 수의 비를 나타내 보세요.

(   )

2 직사각형 가의 넓이에 대한 삼각형 나의 넓이의 비율을 분수로 나타내 보세요.

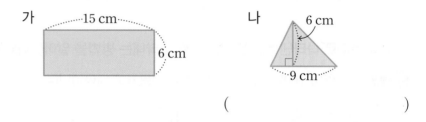

(   )

3 버스가 150 km를 가는 데 2시간이 걸립니다. 이 버스가 150 km를 가는 데 걸린 시간에 대한 간 거리의 비율을 구해 보세요.

(   )

4 전체에 대한 색칠한 부분의 비율을 백분율로 나타내 보세요.

(   ) %

5 장난감 가게에서 12000원인 인형을 할인하여 9600원에 판매한다고 합니다. 몇 %를 할인한 것인지 구해 보세요.

(   ) %

26

비례식과 비례배분

#비의 성질 #외항 #내항
#비례식 #비례배분

91
비의 성질

●● 레몬주스 1병을 만들려면 레몬청 1컵, 물 5컵이 필요합니다. 레몬주스를 1병 만들 때와 3병 만들 때 필요한 레몬청의 양과 물의 양의 비와 비율을 각각 구해 볼까요?

비 1:5에서 기호 ':' 앞에 있는 1을 전항, 뒤에 있는 5 를 후항이라고 합니다.

이때 비율이 같은 두 비 1:5와 3:15에서 다음과 같은 비의 성질을 알 수 있습니다.

비의 전항과 후항에 0이 아닌 같은 수를 곱해도 비율은 같습니다.
비의 전항과 후항을 0이 아닌 같은 수로 나누어도 비율은 같습니다.

이번엔 비의 성질을 이용하여 $4.5:2.7$을 간단한 자연수의 비로 나타내 볼까요?

❶ 비의 전항과 후항에 10을 곱하여 자연수의 비로 나타냅니다. ➡ $45:27$

❷ 비의 전항과 후항을 45와 27의 공약수인 9로 나누어 간단한 자연수의 비로 나타냅니다. ➡ $5:3$

즉, $4.5:2.7$을 간단한 자연수의 비로 나타내면 $5:3$입니다.

$\dfrac{1}{5}:\dfrac{5}{7}$도 전항과 후항에 두 분모의 공배수 35를 곱해 자연수의 비 $7:25$로 나타낼 수 있습니다.

✏️ **간단한 자연수의 비로 나타내는 방법을 잘 기억해 두세요.**

자연수의 비	소수의 비
전항과 후항을 두 수의 공약수로 나눕니다.	전항과 후항에 10, 100, …을 곱합니다.

자연수의 비

$$15 : 20$$
$$\downarrow \div 5 \qquad \downarrow \div 5$$
$$3 : 4$$

소수의 비

$$0.7 : 1.2$$
$$\downarrow \times 10 \qquad \downarrow \times 10$$
$$7 : 12$$

분수의 비

전항과 후항에 두 분모의 공배수를 곱합니다.

$$\frac{2}{3} : \frac{1}{6}$$
$$\downarrow \times 6 \qquad \downarrow \times 6$$
$$4 : 1$$

소수와 분수의 비

분수를 소수로 바꾸거나 소수를 분수로 바꾼 후 간단한 자연수의 비로 나타냅니다.

$$\frac{1}{2} : 0.3$$
$$\downarrow \text{분수를 소수로}$$
$$0.5 : 0.3$$
$$\downarrow \times 10 \qquad \downarrow \times 10$$
$$5 : 3$$

92

비례식

●● 비율이 같은 두 비를 등식으로 나타내 볼까요?

비율이 같은 두 비 1 : 5와 3 : 15를 기호 '='를 사용하여

    1 : 5 = 3 : 15

와 같이 나타낼 수 있습니다.

이와 같은 식을 **비례식**이라고 합니다.

이때 비례식 1 : 5 = 3 : 15에서 바깥쪽에 있는 1과 15

를 **외항**, 안쪽에 있는 5와 3을 **내항**이라고 합니다.

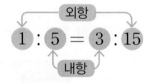

다음과 같이 비의 성질을 비례식으로 나타낼 수 있습니다.

1 : 5는 전항과 후항에 3을 곱해도 비율이 같습니다. 이 성질을 비례식으로 나
타내면 다음과 같습니다.

$$\overset{\times 3}{1 : 5 = 3 : 15}$$
$$\underset{\times 3}{}$$

3 : 15는 전항과 후항을 3으로 나누어도 비율이 같습니다. 이 성질을 비례식
으로 나타내면 다음과 같습니다.

$$\overset{\div 3}{3 : 15 = 1 : 5}$$
$$\underset{\div 3}{}$$

이제 비례식의 성질을 알아볼까요?

비례식 1:5＝3:15에서

외항의 곱과 내항의 곱을 비교해 보면

  (외항의 곱)＝1×15＝15

  (내항의 곱)＝5×3＝15

$$1:5=3:15$$
$$1 \times 15 = 15$$
$$5 \times 3 = 15$$

이므로 외항의 곱과 내항의 곱은 같습니다.

외항의 곱과 내항의 곱이 같으면 비례식이에요.

> 비례식에서 외항의 곱과 내항의 곱은 같습니다.

비례식의 성질을 활용하여 3:5＝6:⬤에서 ⬤의 값을 구할 수 있습니다.

➡ 3×⬤＝5×6, 3×⬤＝30, ⬤＝10

또, 비례식이 옳은지 확인하려면 외항의 곱과 내항의 곱이 같은지 확인하면 됩니다.

 비례식의 성질을 잘 기억해 두세요.

■ : ▲ ＝ ★ : ♥   ➡   (외항의 곱)＝(내항의 곱)
外항 / 내항
■ × ♥ ＝ ▲ × ★

93
비례배분

●● 민규와 지오가 사탕 13개를 6 : 7로 나누어 가지려고 합니다. 몇 개씩 나누어 가져야 할까요?

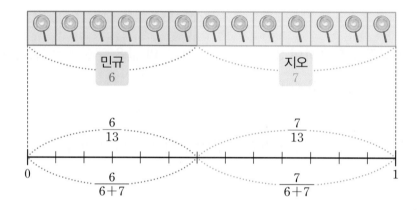

민규는 전체의 $\dfrac{6}{13}$을, 지오는 전체의 $\dfrac{7}{13}$을 가진다는 것을 알 수 있습니다.

이때 비 6:7을 전항과 후항의 합을 분모로 하는 분수의 비 $\dfrac{6}{6+7} : \dfrac{7}{6+7}$로 나타낼 수 있습니다.

따라서 민규와 지오가 사탕 13개를 6:7로 다음과 같이 나눌 수 있습니다.

민규 $\quad 13 \times \dfrac{6}{6+7} = 13 \times \dfrac{6}{13} = 6(개)$

지오 $\quad 13 \times \dfrac{7}{6+7} = 13 \times \dfrac{7}{13} = 7(개)$

이와 같이 전체를 주어진 비로 배분하는 것을 비례배분이라고 합니다.

이번에는 재아네 모둠과 준이네 모둠이 색종이 55장을 모둠원의 수에 따라 나누어 가지려고 합니다. 재아네 모둠이 6명, 준이네 모둠이 5명이면 두 모둠은 색종이를 몇 장씩 나누어 가져야 할까요?

재아네 모둠원 수와 준이네 모둠원 수의 비는 6:5입니다.

따라서 색종이를 모둠원 수의 비로 비례배분하면 두 모둠이 각각 가질 수 있는 색종이의 수는 다음과 같습니다.

재아네 모둠 전체 색종이의 $\dfrac{6}{6+5}$ 을 가지면 되므로

$$55 \times \frac{6}{6+5} = 55 \times \frac{6}{11} = 30(장)$$

준이네 모둠 전체 색종이의 $\dfrac{5}{6+5}$ 를 가지면 되므로

$$55 \times \frac{5}{6+5} = 55 \times \frac{5}{11} = 25(장)$$

즉, 재아네 모둠은 30장, 준이네 모둠은 25장을 가집니다.

전체 색종이는
$30+25=55(장)$
이에요.

✏️ 비례배분하는 방법을 잘 기억해 두세요.

전체를 ■ : ▲로 나누기

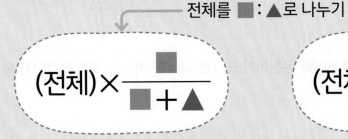

$$(전체) \times \frac{■}{■+▲}$$

$$(전체) \times \frac{▲}{■+▲}$$

1 다음 중 12:18과 비율이 같은 비를 모두 찾아 기호를 써 보세요.

> ㉠ 1:3 ㉡ 4:6 ㉢ 6:8 ㉣ 24:36

(   )

2 관계있는 것끼리 이어 보세요.

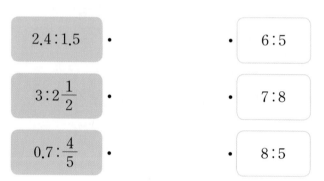

3 비례식의 성질을 활용하여 비례식이 되도록 ☐ 안에 알맞은 수를 써넣으세요.

(1) $10 : \boxed{} = 6 : 9$ (2) $4 : 9 = \boxed{} : \dfrac{3}{4}$

4 오른쪽 직사각형의 가로와 세로의 비는 5:3입니다. 가로가 35 cm일 때 세로는 몇 cm인가요?

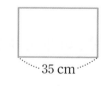

(   ) cm

5 초콜릿 27개를 주헌이와 은찬이가 5:4로 나누어 먹었습니다. 은찬이가 먹은 초콜릿은 몇 개인가요?

(   )개

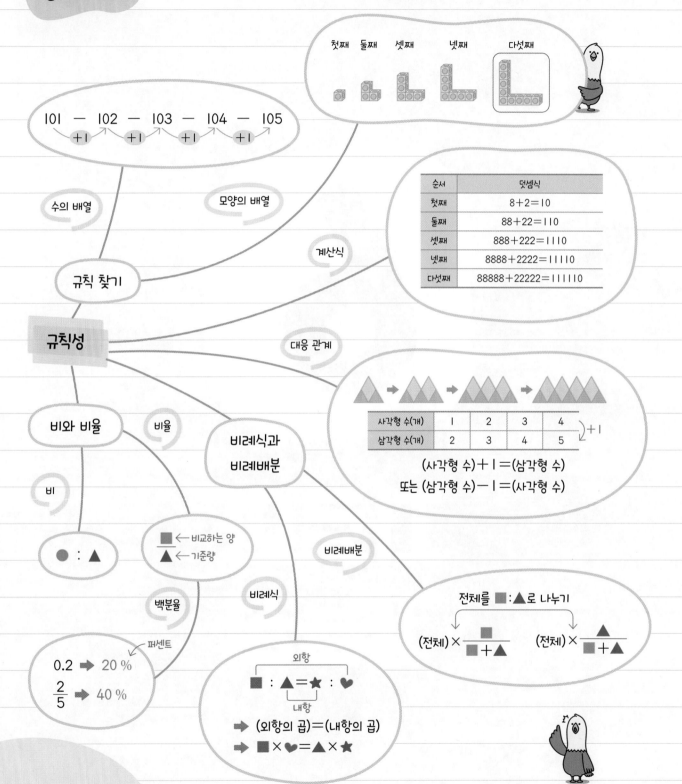

개념을 정리해 보자

첫째 둘째 셋째   넷째   다섯째

101 — 102 — 103 — 104 — 105
  +1   +1   +1   +1

수의 배열

모양의 배열

계산식

순서	덧셈식
첫째	$8+2=10$
둘째	$88+22=110$
셋째	$888+222=1110$
넷째	$8888+2222=11110$
다섯째	$88888+22222=111110$

규칙 찾기

규칙성

대응 관계

사각형 수(개)	1	2	3	4	
삼각형 수(개)	2	3	4	5	$+1$

(사각형 수)$+1=$(삼각형 수)
또는 (삼각형 수)$-1=$(사각형 수)

비와 비율

비율

비례식과
비례배분

비

비례배분

$\bullet : \blacktriangle$

$\blacksquare$ ← 비교하는 양
$\overline{\blacktriangle}$ ← 기준량

전체를 $\blacksquare : \blacktriangle$ 로 나누기

(전체)$\times \dfrac{\blacksquare}{\blacksquare+\blacktriangle}$ (전체)$\times \dfrac{\blacktriangle}{\blacksquare+\blacktriangle}$

백분율

비례식

퍼센트

$0.2 \Rightarrow 20\%$
$\dfrac{2}{5} \Rightarrow 40\%$

외항
$\blacksquare : \blacktriangle = \bigstar : \heartsuit$
내항
$\Rightarrow$ (외항의 곱)$=$(내항의 곱)
$\Rightarrow \blacksquare \times \heartsuit = \blacktriangle \times \bigstar$

6

자료와
가능성

✔ 만유인력은 우주 상의 모든 물체 사이에 작용하는 서로 끌어당기는 힘을 말합니다. 뉴턴은 무엇을 보고 만유인력의 법칙을 발견하였을까요?
다음 문제를 풀면 답을 알 수 있어요.

은주네 모둠 학생들이 하고 싶은 장기 자랑을 조사하여 그래프로 나타내었습니다.
노래를 하고 싶은 학생은 춤을 추고 싶은 학생보다 2명 더 적습니다.
노래를 하고 싶은 학생은 몇 명인가요?

학생 수(명)	연극	노래	춤	마술
4			O	
3	O		O	
2	O		O	
1	O		O	O

 ② 사과   ③ 복숭아   ④ 딸기

정답은 296쪽에 있어요.

27

자료의 정리

#자료 #표 #그래프
#그림 # 막대 # 꺾은선
#띠 #원

94

표로 나타낸 자료

●● 다은이네 학교 학생들이 좋아하는 색깔을 조사하여 나타낸 것입니다.

좋아하는 색깔

파란색	빨간색
초록색	보라색

그런데 가장 많은 학생들이 좋아하는 색깔은 무엇인지 일일이 세어 봐야 알 수 있고 한눈에 알기 어려우므로 조사한 내용을 다음과 같이 표로 나타냈습니다.

색깔별 좋아하는 학생 수

색깔	파란색	빨간색	초록색	보라색	합계
학생 수(명)	54	50	44	62	210

위의 표를 보면 조사한 전체 학생 수는 210명이고, 보라색을 좋아하는 학생은 62명으로 가장 많으며, 파란색을 좋아하는 학생이 빨간색을 좋아하는 학생보다 4명 더 많다는 등의 내용을 알 수 있습니다.

즉, 표로 나타내면 각각의 자료의 수량과 합계를 쉽게 알 수 있습니다.

95
그림그래프

●● 개념 **94**의 다은이네 학교 학생들이 좋아하는 색깔을 조사하여 나타낸 표를 보고 다음과 같은 그래프로 나타낼 수 있습니다.

색깔별 좋아하는 학생 수

색깔	학생 수
파란색	😊 😊 😊 😊 😊 ☺ ☺ ☺ ☺
빨간색	😊 😊 😊 😊 😊
초록색	😊 😊 😊 ☺ ☺ ☺
보라색	😊 😊 😊 😊 😊 😊 😊 ☺ ☺

😊 10명
☺ 1명

그래프에서 😊 은 10명을 나타내고, ☺ 은 1명을 나타냅니다. 예를 들어 파란색을 좋아하는 학생은 54명이므로 😊 5개, ☺ 4개로 나타냅니다.

이와 같이 조사한 자료를 그림으로 나타낸 그래프를 그림그래프라고 합니다.

위의 그림그래프를 보면 가장 많은 학생들이 좋아하는 색깔은 큰 그림의 수가 가장 많은 보라색이고, 가장 적은 학생들이 좋아하는 색깔은 큰 그림의 수가 가장 적은 초록색이라는 등의 내용을 알 수 있습니다.

표와 비교하여 그림그래프는 자료의 수량을 한눈에 쉽게 비교할 수 있고, 수량이 가장 많은 것과 가장 적은 것을 비교하기 편합니다.

96

막대그래프

●● **준후네 반 학생들의 혈액형을 조사하여 표와 그래프로 나타냈습니다.**

혈액형별 학생 수

혈액형	A형	B형	O형	AB형	합계
학생 수(명)	8	6	7	3	24

혈액형별 학생 수

> 가로와 세로를 바꾸어 막대를 가로로 나타낼 수도 있어요.

그래프에서 가로는 혈액형, 세로는 학생 수를 나타내고, 막대의 길이는 혈액형별 학생 수를 나타냅니다. 또, 세로 눈금 한 칸은 1명을 나타냅니다.

이와 같이 조사한 자료의 수량을 막대 모양으로 나타낸 그래프를 막대그래프라고 합니다.

위의 막대그래프를 보면 막대의 길이가 가장 긴 A형인 학생이 가장 많고, 막대의 길이가 가장 짧은 AB형인 학생이 가장 적다는 등의 내용을 알 수 있습니다.

표는 전체 학생 수를 알아보기 편리하고, 막대그래프는 자룻값의 크기 비교를 한눈에 쉽게 할 수 있습니다.

97

꺾은선그래프

●● 4월 어느 날의 시각별 기온을 조사하여 두 그래프로 나타냈습니다.

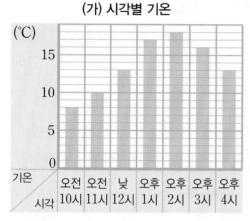

(가) 시각별 기온

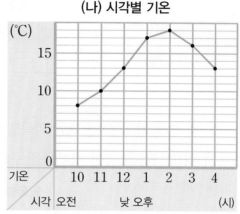

(나) 시각별 기온

두 그래프 모두 가로는 시각, 세로는 기온을 나타내고, 세로 눈금 한 칸은 1 ℃를 나타냅니다. 그런데 기온은 계속 변화하므로 (가)와 같이 막대그래프로 나타내는 것보다 (나)와 같은 그래프로 나타내는 것이 좋습니다.

(나) 그래프와 같이 연속적으로 변화하는 양을 점으로 표시하고, 그 점들을 선분으로 이어 그린 그래프를 꺾은선그래프라고 합니다.

(나)의 꺾은선그래프를 보면 오전 10시부터 기온이 점점 올라가다가 오후 2시부터 점점 내려가고, 낮 12시와 오후 1시 사이에 선이 가장 많이 기울어져 있으므로 기온이 가장 많이 변했음을 알 수 있습니다. 또, 오전 10시와 오전 11시의 값을 이은 선분의 가운데에 점을 찍고 그 점의 값을 읽으면 9 ℃ 정도이므로 오전 10시 30분의 기온은 9 ℃였을 것이라고 생각할 수 있습니다.

막대그래프는 항목을 비교하기에 편하고, 꺾은선그래프는 변화를 알아보기에 편합니다.

꺾은선그래프에서 선이 많이 기울어져 있을수록 자료의 변화가 큰 거예요.

98
띠그래프

자룟값이 너무 작아서 따로 표현하기 힘들 때 기타에 넣어 표현해요.

●● **서인이네 학교 학생들이 좋아하는 과목을 조사하여 나타낸 표입니다.**

과목별 좋아하는 학생 수

과목	체육	수학	국어	기타	합계
학생 수(명)	64	40	32	24	160

이때 전체 학생 수에 대한 과목별 좋아하는 학생 수의 비율을 한눈에 알아보기 위해 다음과 같이 백분율을 구하여 그래프로 나타낼 수 있습니다.

과목별 좋아하는 학생 수

이 그래프에서 작은 눈금 한 칸은 5 %를 나타내요.

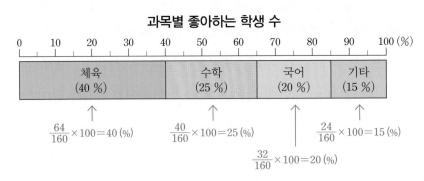

$$\frac{64}{160} \times 100 = 40 \,(\%)$$

$$\frac{40}{160} \times 100 = 25 \,(\%)$$

$$\frac{32}{160} \times 100 = 20 \,(\%)$$

$$\frac{24}{160} \times 100 = 15 \,(\%)$$

이와 같이 전체에 대한 각 부분의 비율을 띠 모양에 나타낸 그래프를 **띠그래프**라고 합니다.

위의 띠그래프를 보면 체육을 좋아하는 학생은 전체 학생의 40 %, 전체 학생 중에서 20 %가 좋아하는 과목은 국어이고, 수학과 국어를 좋아하는 학생은 전체 학생의 45 %이며, 가장 큰 비율의 학생들이 좋아하는 과목은 체육이라는 등의 내용을 알 수 있습니다.

99
원그래프

●● 개념 **98**의 서인이네 학교 학생들이 좋아하는 과목을 조사하여 나타낸 표를 보고 전체 학생 수에 대한 과목별 좋아하는 학생 수의 비율을 다음과 같이 원 모양의 그래프로 나타낼 수도 있습니다.

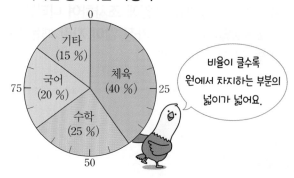

과목별 좋아하는 학생 수

비율이 클수록 원에서 차지하는 부분의 넓이가 넓어요.

이와 같이 전체에 대한 각 부분의 비율을 원 모양에 나타낸 그래프를 원그래프 라고 합니다.

✏️ **여러 가지 그래프의 특징을 기억해 두세요.**

그림그래프	그림의 크기와 수로 수량의 많고 적음을 쉽게 비교할 수 있습니다.
막대그래프	수량의 많고 적음을 한눈에 비교하기 쉽고, 각각의 크기를 비교할 때 편합니다.
꺾은선그래프	변화하는 모양과 정도를 알아보기 쉽습니다.
띠그래프와 원그래프	전체에 대한 각 부분의 비율을 한눈에 알아볼 수 있고, 전체에 대한 각 부분의 비율을 쉽게 비교할 수 있습니다.

확인해 보자

정답 및 풀이
296쪽

1 세아네 반 학생들이 기르고 싶은 반려동물을 조사하여 나타낸 막대그래프입니다. 강아지를 기르고 싶은 학생은 새를 기르고 싶은 학생보다 몇 명 더 많을까요?

(   )명

기르고 싶은 반려동물별 학생 수

(명)

반려동물	학생 수
강아지	10
고양이	7
물고기	3
새	4

2 강낭콩의 키를 매월 1일에 조사하여 나타낸 꺾은선그래프입니다. 키가 가장 많이 자란 때는 몇 월과 몇 월 사이인가요?

(   )

필요 없는 부분을 줄여서 나타내기 위해 물결선(≈)을 사용할 수도 있어요.

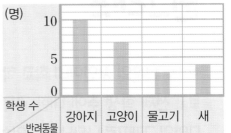

강낭콩의 키

3 서준이네 텃밭에서 기르는 농작물별 생산량을 조사하여 나타낸 띠그래프입니다. 토마토 생산량은 오이 생산량의 몇 배일까요?

(   )배

농작물별 생산량

0 10 20 30 40 50 60 70 80 90 100 (%)

토마토 (45 %)	상추 (30 %)	오이 (15 %)	고추 (10 %)

4 승주네 학교 학생들이 가고 싶은 나라를 조사하여 나타낸 원그래프입니다. 스페인에 가고 싶은 학생이 60명이라면 조사한 전체 학생은 몇 명인가요?

(   )명

가고 싶은 나라

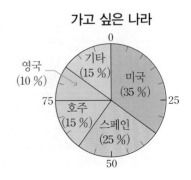

28
평균과 가능성

#평균 #일어날 가능성

100

평균

●● 민서네 모둠의 농구공 던져 넣기 기록을 나타낸 표입니다.

민서네 모둠의 농구공 던져 넣기 기록

이름	민서	재민	단우	서경
기록(개)	9	5	6	8

민서네 모둠의 농구공 던져 넣기 기록 9개, 5개, 6개, 8개를 모두 더한 다음 자료 수 4로 나눈 값 7개는 민서네 모둠의 농구공 던져 넣기 기록을 대표하는 값으로 정할 수 있습니다. 이 값을 평균이라고 합니다.

(민서네 모둠의 평균)
$= (9+5+6+8) \div 4$
$= 7$(개)
로 구할 수 있어요.

$$(평균) = (자룻값의 합) \div (자료 수)$$

이제 평균을 이용하여 민서네 반에서 농구공 던져 넣기를 가장 잘한 모둠을 알아보려고 합니다.

모둠별 학생 수와 농구공 던져 넣기 기록

	1모둠	2모둠	3모둠	4모둠	5모둠
모둠별 학생 수(명)	4	4	4	5	5
기록(개)	28	24	32	30	35

모둠별로 농구공 던져 넣기 기록의 평균을 구해 보면 다음과 같습니다.

평균을 구할 때 모둠별 학생 수가 다르므로 자료의 수가 다름에 주의해요.

모둠별 농구공 던져 넣기 기록의 평균

	1모둠	2모둠	3모둠	4모둠	5모둠
기록의 평균(개)	7	6	8	6	7

$28 \div 4 = 7$ $24 \div 4 = 6$ $32 \div 4 = 8$ $30 \div 5 = 6$ $35 \div 5 = 7$

농구공 던져 넣기 기록의 평균을 비교하면 3모둠의 평균이 8개로 가장 많으므로 3모둠이 농구공 던져 넣기를 가장 잘했다고 할 수 있습니다.

정원이네 모둠의 농구공 던져 넣기 기록을 나타낸 표입니다. 기록의 평균이 6개일 때, 정원이의 농구공 던져 넣기 기록은 몇 개일까요?

정원이네 모둠의 농구공 던져 넣기 기록

이름	정원	은우	소윤	해인	호연
기록(개)		4	6	7	5

정원이네 모둠의 기록의 평균이 6개이므로 한 명의 기록이 6개씩이라고 할 수 있습니다.

한 명의 기록이 6개씩이므로 5명의 기록의 합은

$$(기록의 합)=(평균)\times(학생 수)$$
$$=6\times5=30(개)$$

입니다. 이때 은우, 소윤, 해인, 호연이의 기록의 합은

$$4+6+7+5=22(개)$$

입니다. 따라서 정원이의 기록은

$$30-22=8(개)$$

입니다.

평균을 이용하여 자룻값을 구할 수 있어요.

✎ **평균을 구하는 방법을 잘 기억해 두세요.**

자료 1	자료 2	자료 3	자료 4
■	■	■	■

평균 = (■ + ■ + ■ + ■) ÷ 4

= 자룻값의 합 ÷ 자료 수

1이

일이 일어날 가능성

•• 1월 1일 다음 날은 몇월 며칠일까요? 1월 2일일 가능성이 얼마나 되나요?

1월 1일 다음 날이 1월 2일일 가능성은 100 %이지요?

이처럼 어떠한 상황에서 특정한 일이 일어나길 기대할 수 있는 정도를 가능성
이라고 합니다.

일이 일어날 가능성을 '확실하다', '반반이다', '불가능하다' 또는 '~일 것 같
다', '~아닐 것 같다' 등으로 나타낼 수 있습니다.

← 일이 일어날 가능성이 작습니다.	일이 일어날 가능성이 큽니다. →
~아닐 것 같다	~일 것 같다
불가능하다 　　　　　반반이다	확실하다

예를 들어 다음 일기 예보를 보고 가능성을 말해 봅시다.

날짜	오늘		내일	
	오전	오후	오전	오후
날씨	☀	☀	☁	☂

'오늘 오전에는 맑고 비가 오지 않을 것 같지만, 내일 오후에는 비가 올 것 같다.'
고 말할 수 있습니다. 또,
'내일 오전과 오후 중 비가 올 가능성이 더 큰 때는 내일 오후이다.'
라고 말할 수 있습니다.

이제 일이 일어날 가능성을 수로 나타내 볼까요?

일이 일어날 가능성 '확실하다'는 수 1로 나타내고, '불가능하다'는 수 0,

'반반이다'는 수 $\frac{1}{2}$로 나타냅니다.

각각의 주머니에서 공 1개를 꺼낼 때, 꺼낸 공이 빨간색일 가능성을 수로 나타내 봅시다.

● 주머니 가에서 꺼낸 공이 빨간색일 가능성은 '확실하다'입니다.

➡ 주머니 가에서 꺼낸 공이 빨간색일 가능성은 1입니다.

● 주머니 나에서 꺼낸 공이 빨간색일 가능성은 '불가능하다'입니다.

➡ 주머니 나에서 꺼낸 공이 빨간색일 가능성은 0입니다.

● 주머니 다에서 꺼낸 공이 빨간색일 가능성은 '반반이다'입니다.

➡ 주머니 다에서 꺼낸 공이 빨간색일 가능성은 $\frac{1}{2}$입니다.

✎ 일이 일어날 가능성을 말 또는 수로 나타내는 방법을 잘 기억해 두세요.

주사위를 한 번 굴릴 때 일이 일어날 가능성

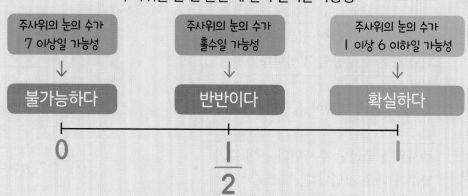

정답 및 풀이 296쪽

[1~2] 윤하네 모둠과 승찬이네 모둠의 턱걸이 기록을 나타낸 표입니다. 물음에 답하세요.

윤하네 모둠의 턱걸이 기록

이름	윤하	민지	승민	지호	도경
기록(개)	5	4	9	3	4

승찬이네 모둠의 턱걸이 기록

이름	승찬	유라	서현	성준
기록(개)	6	8	5	5

1 윤하네 모둠과 승찬이네 모둠의 턱걸이 기록의 평균은 각각 몇 개인가요?

윤하네 모둠 ( )개, 승찬이네 모둠 ( )개

2 어느 모둠이 턱걸이를 더 잘했다고 볼 수 있나요?

( )

3 민호가 5일 동안 소설책을 읽은 쪽수를 나타낸 표입니다. 민호가 읽은 쪽수의 평균이 100쪽일 때, 화요일에 읽은 쪽수는 몇 쪽인가요?

민호가 읽은 쪽수

요일	월	화	수	목	금
읽은 쪽수(쪽)	107		94	113	88

( )쪽

4 일이 일어날 가능성을 알맞게 이어 보세요.

탁구공 10개만 들어 있는 주머니에서 꺼낸 공은 농구공일 것입니다. •

봄 다음에 여름이 올 것입니다. •

주사위를 굴리면 주사위의 눈의 수가 짝수가 나올 것입니다. •

• 확실하다

• 반반이다

• 불가능하다

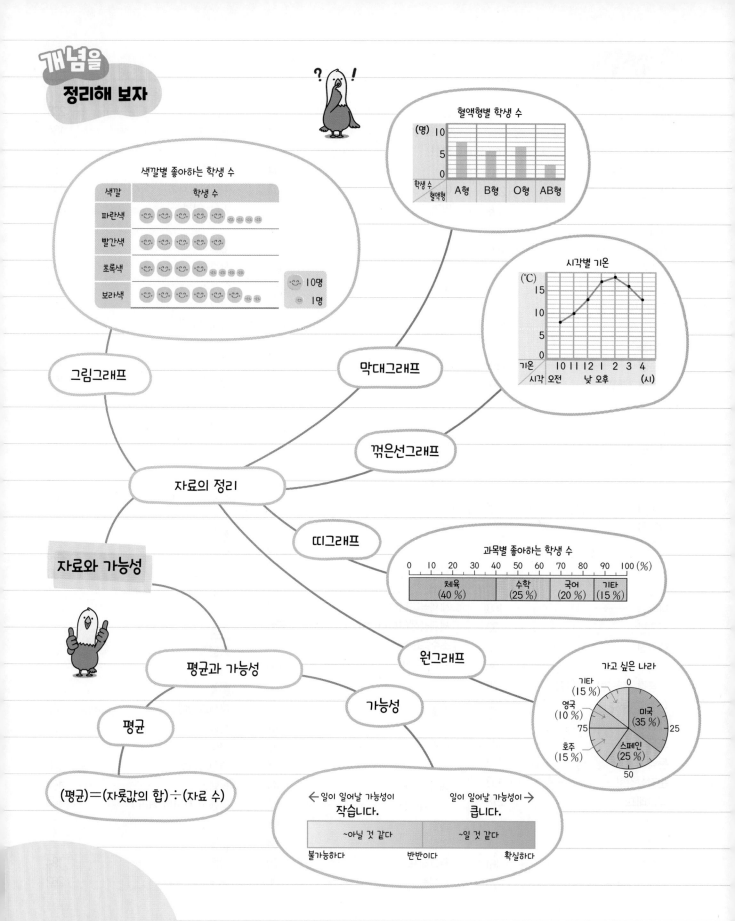

개념을 정리해 보자

색깔별 좋아하는 학생 수

색깔	학생 수
파란색	
빨간색	
초록색	
보라색	

10명
1명

그림그래프

막대그래프

혈액형별 학생 수

시각별 기온

꺾은선그래프

자료의 정리

띠그래프

과목별 좋아하는 학생 수

| 체육 (40 %) | 수학 (25 %) | 국어 (20 %) | 기타 (15 %) |

자료와 가능성

평균과 가능성

원그래프

가고 싶은 나라

기타 (15 %)
영국 (10 %)
호주 (15 %)
미국 (35 %)
스페인 (25 %)

가능성

평균

(평균)=(자룟값의 합)÷(자료 수)

← 일이 일어날 가능성이 **작습니다.**

일이 일어날 가능성이 → **큽니다.**

| ~아닐 것 같다 | ~일 것 같다 |

불가능하다   반반이다   확실하다

① 수와 연산 자연수 준비해 보자 답 유일무이

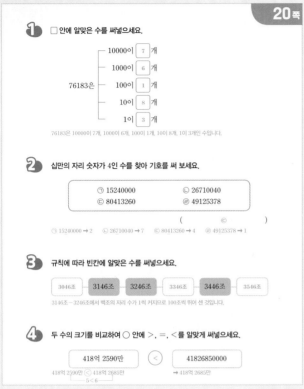

20쪽

1 □안에 알맞은 수를 써넣으세요.

76183은
- 10000이 **7** 개
- 1000이 **6** 개
- 100이 **1** 개
- 10이 **8** 개
- 1이 **3** 개

76183은 10000이 7개, 1000이 6개, 100이 1개, 10이 8개, 1이 3개인 수입니다.

2 십만의 자리 숫자가 4인 수를 찾아 기호를 써 보세요.

㉠ 15240000 ㉡ 26710040
㉢ 80413260 ㉣ 49125378

(**㉢**)

㉠ 15240000 → 2 ㉡ 26710040 → 7 ㉢ 80413260 → 4 ㉣ 49125378 → 1

3 규칙에 따라 빈칸에 알맞은 수를 써넣으세요.

3046조 **3146조** **3246조** 3346조 **3446조** 3546조

3146조 − 3246조에서 백조의 자리 수가 1씩 커지므로 100조씩 뛰어 센 것입니다.

4 두 수의 크기를 비교하여 ○ 안에 >, =, <를 알맞게 써넣으세요.

418억 2590만 **<** 41826850000

418억 2590만 < 418억 2685만 → 418억 2685만
5 < 6

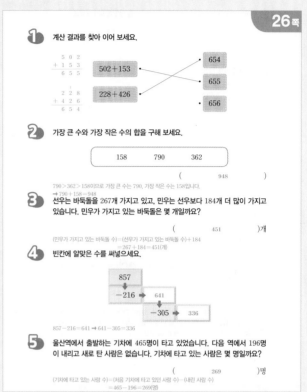

26쪽

1 계산 결과를 찾아 이어 보세요.

502+153 • → 654
228+426 • → 655
• 656

2 가장 큰 수와 가장 작은 수의 합을 구해 보세요.

158 790 362

(**948**)

790>362>158이므로 가장 큰 수는 790, 가장 작은 수는 158입니다.
→ 790+158=948

3 선우는 바둑돌을 267개 가지고 있고, 민우는 선우보다 184개 더 많이 가지고 있습니다. 민우가 가지고 있는 바둑돌은 몇 개일까요?

(**451**)개

(민우가 가지고 있는 바둑돌 수)=(선우가 가지고 있는 바둑돌 수)+184
=267+184=451(개)

4 빈칸에 알맞은 수를 써넣으세요.

857 −216 → 641
−305 → 336

857−216=641 → 641−305=336

5 울산역에서 출발하는 기차에 465명이 타고 있었습니다. 다음 역에서 196명이 내리고 새로 탄 사람은 없습니다. 기차에 타고 있는 사람은 몇 명일까요?

(**269**)명

(기차에 타고 있는 사람 수)=(처음 기차에 타고 있던 사람 수)−(내린 사람 수)
=465−196=269(명)

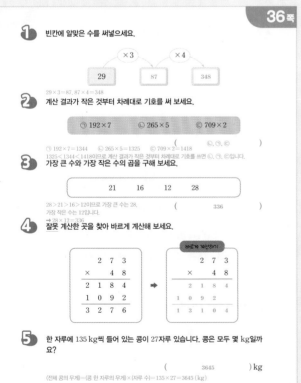

36쪽

1 빈칸에 알맞은 수를 써넣으세요.

29 ×3 **87** ×4 **348**

29×3=87, 87×4=348

2 계산 결과가 작은 것부터 차례대로 기호를 써 보세요.

㉠ 192×7 ㉡ 265×5 ㉢ 709×2

(**㉡, ㉠, ㉢**)

㉠ 192×7=1344 ㉡ 265×5=1325 ㉢ 709×2=1418
1325<1344<1418이므로 계산 결과가 작은 것부터 차례대로 기호를 쓰면 ㉡, ㉠, ㉢입니다.

3 가장 큰 수와 가장 작은 수의 곱을 구해 보세요.

21 16 12 28

(**336**)

28>21>16>12이므로 가장 큰 수는 28, 가장 작은 수는 12입니다.
→ 28×12=336

4 잘못 계산한 곳을 찾아 바르게 계산해 보세요.

```
    2 7 3
  ×   4 8
  2 1 8 4
  1 0 9 2
  3 2 7 6
```
바르게 계산하기
```
      2 7 3
  ×     4 8
    2 1 8 4
  1 0 9 2
  1 3 1 0 4
```

5 한 자루에 135 kg씩 들어 있는 콩이 27자루 있습니다. 콩은 모두 몇 kg일까요?

(**3645**) kg

(전체 콩의 무게)=(콩 한 자루의 무게)×(자루 수)=135×27=3645(kg)

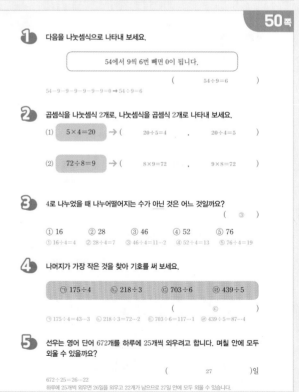

50쪽

1 다음을 나눗셈식으로 나타내 보세요.

54에서 9씩 6번 빼면 0이 됩니다.

(**54÷9=6**)

54−9−9−9−9−9−9=0 → 54÷9=6

2 곱셈식을 나눗셈식 2개로, 나눗셈식을 곱셈식 2개로 나타내 보세요.

(1) 5×4=20 → (**20÷5=4** , **20÷4=5**)

(2) 72÷8=9 → (**8×9=72** , **9×8=72**)

3 4로 나누었을 때 나누어떨어지는 수가 아닌 것은 어느 것일까요?

(**③**)

① 16 ② 28 ③ 46 ④ 52 ⑤ 76
① 16÷4=4 ② 28÷4=7 ③ 46÷4=11…2 ④ 52÷4=13 ⑤ 76÷4=19

4 나머지가 가장 작은 것을 찾아 기호를 써 보세요.

㉠ 175÷4 ㉡ 218÷3 ㉢ 703÷6 ㉣ 439÷5

(**㉢**)

㉠ 175÷4=43…3 ㉡ 218÷3=72…2 ㉢ 703÷6=117…1 ㉣ 439÷5=87…4

5 선우는 영어 단어 672개를 하루에 25개씩 외우려고 합니다. 며칠 안에 모두 외울 수 있을까요?

(**27**)일

672÷25=26…22
하루에 25개씩 외우면 26일을 외우고 22개가 남으므로 27일 안에 모두 외울 수 있습니다.

56쪽

1 계산 결과를 비교하여 ○ 안에 >, =, <를 알맞게 써넣으세요.

$65-18+2$ (>) $37+20-9$

$65-18+2=47+2=49, 37+20-9=57-9=48 → 49>48$

2 계산 결과를 찾아 이어 보세요

$60÷(5×4)$ ←→ 3

$6÷2×10$ ←→ 30

$60÷(5×4)=60÷20=3, 6÷2×10=3×10=30$

3 계산 순서에 맞게 차례대로 기호를 써 보세요.

$7×8-(12+9)$
↑　　↑　　↑
㉠　　㉢　　㉡

(　　　㉢, ㉠, ㉡　　　)

덧셈, 뺄셈, 곱셈이 섞여 있는 식은 곱셈을 먼저 계산하고, ( )가 있으면 ( ) 안을 가장 먼저 계산합니다.

4 계산 결과가 10보다 큰 것의 기호를 써 보세요.

㉠ $80÷4-(2+7)$　　　㉡ $(36+24)÷4-6$

(　　　㉡　　　)

㉠ $80÷4-(2+7)=80÷4-9=20-9=11$　㉡ $(36+24)÷4-6=60÷4-6=15-6=9$

5 오렌지 1개의 가격은 900원이고 배 3개의 가격은 6000원입니다. 현우는 오렌지 3개와 배 1개를 사고 5000원을 냈습니다. 현우가 받아야 할 거스름돈은 얼마인지 하나의 식으로 나타내어 구해 보세요.

식 _____ $5000-(900×3+6000÷3)=300$ _____　답 _____ 300 _____ 원

(거스름돈)＝(낸 돈)－(오렌지 3개와 배 1개의 가격)
　　　　＝$5000-(900×3+6000÷3)=5000-(2700+2000)=5000-4700=300$(원)

---

2 수와 연산 분수와 소수　즐비해 보자 답 세종대왕

71쪽

1 $\frac{3}{5}$ 만큼 색칠한 것을 찾아 ○표 하세요.

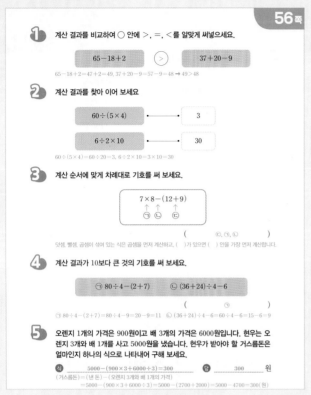

(　　)　　(○)　　(　　)

2 분수의 크기를 바르게 비교한 사람은 누구일까요?

인영 $\frac{1}{12}>\frac{1}{9}$　　민수 $\frac{7}{9}<\frac{8}{9}$

(　　　민수　　　)

인영 $\frac{1}{12}<\frac{1}{9}$

3 그림을 보고 □ 안에 알맞은 수를 써넣으세요.

(1) 8의 $\frac{1}{4}$ 은 2 입니다.

(2) 8의 $\frac{3}{4}$ 은 6 입니다.

(1) 8을 똑같이 4묶음으로 나눈 것 중의 1묶음은 2입니다.
(2) 8을 똑같이 4묶음으로 나눈 것 중의 3묶음은 6입니다.

4 대분수는 가분수로, 가분수는 대분수로 나타내 보세요.

(1) $2\frac{5}{7}=\frac{19}{7}$　　　　　(2) $\frac{19}{9}=2\frac{1}{9}$

76쪽

1 □ 안에 알맞은 분수 또는 소수를 써넣으세요.

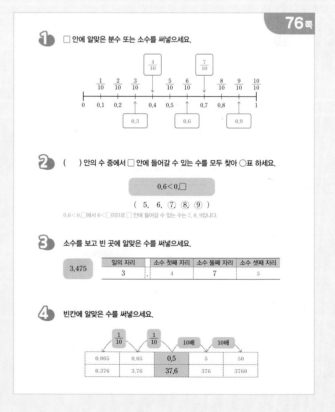

2 (　　) 안의 수 중에서 □ 안에 들어갈 수 있는 수를 모두 찾아 ○표 하세요.

$0.6<0.□$

(5,　6,　⑦　⑧　⑨)

$0.6<0.□$ 에서 6<□이므로 □ 안에 들어갈 수 있는 수는 7, 8, 9입니다.

3 소수를 보고 빈 곳에 알맞은 수를 써넣으세요.

	일의 자리	소수 첫째 자리	소수 둘째 자리	소수 셋째 자리
3.475	3	4	7	5

4 빈칸에 알맞은 수를 써넣으세요.

0.005	0.05	0.5	5	50
0.376	3.76	37.6	376	3760

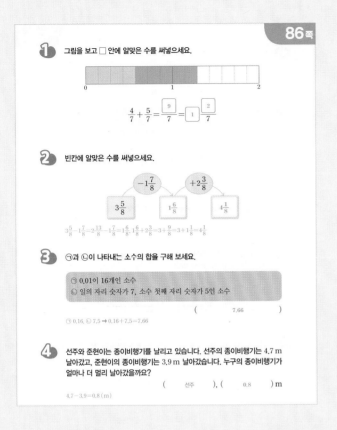

1 그림을 보고 □ 안에 알맞은 수를 써넣으세요.

$$\frac{4}{7} + \frac{5}{7} = \boxed{\frac{9}{7}} = \boxed{1}\boxed{\frac{2}{7}}$$

2 빈칸에 알맞은 수를 써넣으세요.

$-1\frac{7}{8}$ $+2\frac{3}{8}$

$3\frac{5}{8}$ $\boxed{1\frac{6}{8}}$ $\boxed{4\frac{1}{8}}$

$3\frac{5}{8}-1\frac{7}{8}=2\frac{13}{8}-1\frac{7}{8}=1\frac{6}{8}, \; 1\frac{6}{8}+2\frac{3}{8}=3+\frac{9}{8}=3+1\frac{1}{8}=4\frac{1}{8}$

3 ㉠과 ㉡이 나타내는 소수의 합을 구해 보세요.

> ㉠ 0.01이 16개인 소수
> ㉡ 일의 자리 숫자가 7, 소수 첫째 자리 숫자가 5인 소수

(　7.66　)

㉠ 0.16, ㉡ 7.5 → 0.16+7.5=7.66

4 선주와 준현이는 종이비행기를 날리고 있습니다. 선주의 종이비행기는 4.7 m 날아갔고, 준현이의 종이비행기는 3.9 m 날아갔습니다. 누구의 종이비행기가 얼마나 더 멀리 날아갔을까요?

(　선주　), (　0.8　) m

4.7−3.9=0.8 (m)

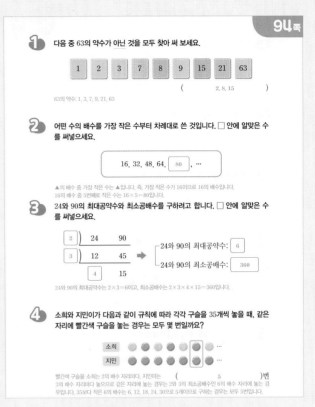

1 다음 중 63의 약수가 아닌 것을 모두 찾아 써 보세요.

| 1 | 2 | 3 | 7 | 8 | 9 | 15 | 21 | 63 |

(　2, 8, 15　)

63의 약수: 1, 3, 7, 9, 21, 63

2 어떤 수의 배수를 가장 작은 수부터 차례대로 쓴 것입니다. □ 안에 알맞은 수를 써넣으세요.

16, 32, 48, 64, 　80　 , …

▲의 배수 중 가장 작은 수는 ▲입니다. 즉, 가장 작은 수가 16이므로 16의 배수입니다.
16의 배수 중 5번째로 작은 수는 16×5=80입니다.

3 24와 90의 최대공약수와 최소공배수를 구하려고 합니다. □ 안에 알맞은 수를 써넣으세요.

2) 24　90
3) 12　45
　　4　15

→ 24와 90의 최대공약수: 6
24와 90의 최소공배수: 360

24와 90의 최대공약수는 2×3=6이고, 최소공배수는 2×3×4×15=360입니다.

4 소희와 지민이가 다음과 같이 규칙에 따라 각각 구슬을 35개씩 놓을 때, 같은 자리에 빨간색 구슬을 놓는 경우는 모두 몇 번일까요?

소희 ●●●●●●● …
지민 ●●●●●● …

(　5　)번

빨간색 구슬을 소희는 2의 배수 자리마다, 지민이는 6의 배수 자리마다 놓습니다.
3의 배수 자리마다 놓으므로 같은 자리에 놓는 경우는 2와 3의 최소공배수인 6의 배수 자리에 놓는 경우입니다. 35보다 작은 6의 배수는 6, 12, 18, 24, 30으로 5개이므로 구하는 경우는 모두 5번입니다.

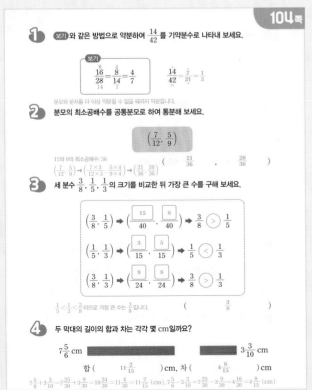

1 보기 와 같은 방법으로 약분하여 $\frac{14}{42}$ 를 기약분수로 나타내 보세요.

> 보기
> $\frac{16}{28}=\frac{8}{14}=\frac{4}{7}$

$\frac{14}{42}=\frac{7}{21}=\frac{1}{3}$

분모와 분자를 더 이상 약분할 수 없을 때까지 약분합니다.

2 분모의 최소공배수를 공통분모로 하여 통분해 보세요.

$\left(\frac{7}{12}, \frac{5}{9}\right)$

12와 9의 최소공배수: 36
$\left(\frac{7}{12}, \frac{5}{9}\right) \rightarrow \left(\frac{7\times3}{12\times3}, \frac{5\times4}{9\times4}\right) \rightarrow \left(\frac{21}{36}, \frac{20}{36}\right)$

(　$\frac{21}{36}$　 , 　$\frac{20}{36}$　)

3 세 분수 $\frac{3}{8}, \frac{1}{5}, \frac{1}{3}$ 의 크기를 비교한 뒤 가장 큰 수를 구해 보세요.

$\left(\frac{3}{8}, \frac{1}{5}\right) \rightarrow \left(\frac{15}{40}, \frac{8}{40}\right) \rightarrow \frac{3}{8} \bigcirc{>} \frac{1}{5}$

$\left(\frac{1}{5}, \frac{1}{3}\right) \rightarrow \left(\frac{5}{15}, \frac{5}{15}\right) \rightarrow \frac{1}{5} \bigcirc{<} \frac{1}{3}$

$\left(\frac{3}{8}, \frac{1}{3}\right) \rightarrow \left(\frac{9}{24}, \frac{8}{24}\right) \rightarrow \frac{3}{8} \bigcirc{>} \frac{1}{3}$

$\frac{1}{5}<\frac{1}{3}<\frac{3}{8}$이므로 가장 큰 수는 $\frac{3}{8}$입니다.　(　$\frac{3}{8}$　)

4 두 막대의 길이의 합과 차는 각각 몇 cm일까요?

$7\frac{5}{6}$ cm ▬▬▬▬　　$3\frac{3}{10}$ cm ▬▬

합 (　$11\frac{2}{15}$　) cm, 차 (　$4\frac{8}{15}$　) cm

$7\frac{5}{6}+3\frac{3}{10}=7\frac{25}{30}+3\frac{9}{30}=10\frac{34}{30}=11\frac{4}{30}=11\frac{2}{15}$ (cm), $7\frac{5}{6}-3\frac{3}{10}=7\frac{25}{30}-3\frac{9}{30}=4\frac{16}{30}=4\frac{8}{15}$ (cm)

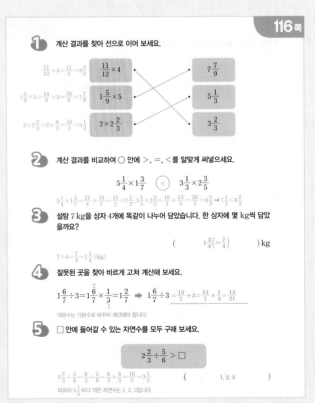

1 계산 결과를 찾아 선으로 이어 보세요.

$\frac{11}{12}\times4=\frac{11}{3}=3\frac{2}{3}$　　$\frac{11}{12}\times4$　　　$7\frac{7}{9}$

$1\frac{5}{9}\times5=\frac{14}{9}\times5=\frac{70}{9}=7\frac{7}{9}$　　$1\frac{5}{9}\times5$　　　$5\frac{1}{3}$

$2\times2\frac{2}{3}=2\times\frac{8}{3}=\frac{16}{3}=5\frac{1}{3}$　　$2\times2\frac{2}{3}$　　　$3\frac{2}{3}$

2 계산 결과를 비교하여 ○ 안에 >, =, <를 알맞게 써넣으세요.

$5\frac{1}{4}\times1\frac{3}{7} \;\bigcirc{<}\; 3\frac{1}{3}\times2\frac{3}{5}$

$5\frac{1}{4}\times1\frac{3}{7}=\frac{21}{4}\times\frac{10}{7}=\frac{15}{2}=7\frac{1}{2}, \; 3\frac{1}{3}\times2\frac{3}{5}=\frac{10}{3}\times\frac{13}{5}=\frac{26}{3}=8\frac{2}{3} \rightarrow 7\frac{1}{2}<8\frac{2}{3}$

3 설탕 7 kg을 상자 4개에 똑같이 나누어 담았습니다. 한 상자에 몇 kg씩 담았을까요?

(　$1\frac{3}{4}\left(=\frac{7}{4}\right)$　) kg

$7\div4=\frac{7}{4}=1\frac{3}{4}$ (kg)

4 잘못된 곳을 찾아 바르게 고쳐 계산해 보세요.

$1\frac{6}{7}\div3=\frac{\overset{2}{6}}{7}\times\frac{1}{\underset{1}{3}}=1\frac{2}{7} \Rightarrow 1\frac{6}{7}\div3=\frac{13}{7}\div3=\frac{13}{7}\times\frac{1}{3}=\frac{13}{21}$

대분수는 가분수로 바꾸어 계산해야 합니다.

5 □ 안에 들어갈 수 있는 자연수를 모두 구해 보세요.

$2\frac{2}{3}\div\frac{5}{6}>\square$

$2\frac{2}{3}\div\frac{5}{6}=\frac{8}{3}\div\frac{5}{6}=\frac{8}{3}\times\frac{6}{5}=\frac{16}{5}=3\frac{1}{5}$

(　1, 2, 3　)

따라서 $3\frac{1}{5}$보다 작은 자연수는 1, 2, 3입니다.

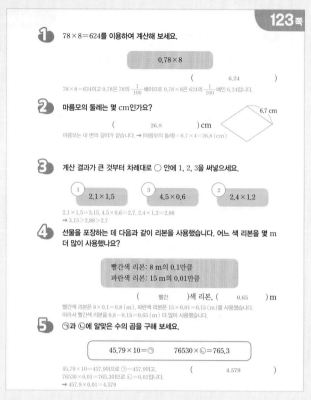

123쪽

1 78×8=624를 이용하여 계산해 보세요.

$$0.78×8$$

(6.24)

78×8=624이고 0.78은 78의 $\frac{1}{100}$배이므로 0.78×8은 624의 $\frac{1}{100}$배인 6.24입니다.

2 마름모의 둘레는 몇 cm인가요?

(26.8)cm

6.7 cm

마름모는 네 변의 길이가 같습니다. ➡ (마름모의 둘레)=6.7×4=26.8 (cm)

3 계산 결과가 큰 것부터 차례대로 ○ 안에 1, 2, 3을 써넣으세요.

① 2.1×1.5 ③ 4.5×0.6 ② 2.4×1.2

2.1×1.5=3.15, 4.5×0.6=2.7, 2.4×1.2=2.88
➡ 3.15>2.88>2.7

4 선물을 포장하는 데 다음과 같이 리본을 사용했습니다. 어느 색 리본을 몇 m 더 많이 사용했나요?

빨간색 리본: 8 m의 0.1만큼
파란색 리본: 15 m의 0.01만큼

(빨간)색 리본, (0.65)m

빨간색 리본은 8×0.1=0.8 (m), 파란색 리본은 15×0.01=0.15 (m)를 사용했습니다.
따라서 빨간색 리본을 0.8−0.15=0.65 (m) 더 많이 사용했습니다.

5 ㉠과 ㉡에 알맞은 수의 곱을 구해 보세요.

45.79×10=㉠ 76530×㉡=765.3

(4.579)

45.79×10=457.90이므로 ㉠=457.90이고,
76530×0.01=765.30이므로 ㉡=0.01입니다.
➡ 457.9×0.01=4.579

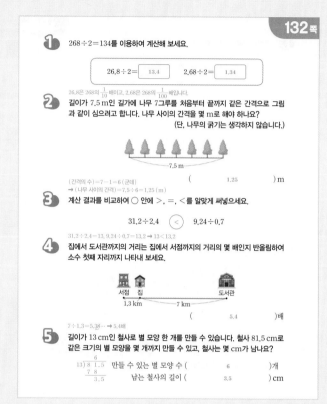

132쪽

1 268÷2=134를 이용하여 계산해 보세요.

26.8÷2= 13.4   2.68÷2= 1.34

26.8은 268의 $\frac{1}{10}$배이고, 2.68은 268의 $\frac{1}{100}$배입니다.

2 길이가 7.5 m인 길가에 나무 7그루를 처음부터 끝까지 같은 간격으로 그림과 같이 심으려고 합니다. 나무 사이의 간격을 몇 m로 해야 하나요?
(단, 나무의 굵기는 생각하지 않습니다.)

7.5 m

(1.25)m

(간격의 수)=7−1=6 (군데)
➡ (나무 사이의 간격)=7.5÷6=1.25 (m)

3 계산 결과를 비교하여 ○ 안에 >, =, <를 알맞게 써넣으세요.

31.2÷2.4 < 9.24÷0.7

31.2÷2.4=13, 9.24÷0.7=13.2 ➡ 13<13.2

4 집에서 도서관까지의 거리는 집에서 서점까지의 거리의 몇 배인지 반올림하여 소수 첫째 자리까지 나타내 보세요.

서점 집 도서관
1.3 km 7 km

(5.4)배

7÷1.3=5.38… ➡ 5.4배

5 길이가 13 cm인 철사로 별 모양 한 개를 만들 수 있습니다. 철사 81.5 cm로 같은 크기의 별 모양을 몇 개까지 만들 수 있고, 철사는 몇 cm가 남나요?

```
     6
13) 8 1.5
    7 8
    3.5
```

만들 수 있는 별 모양 수 (6)개
남는 철사의 길이 (3.5)cm

---

3 도형과 측정 평면도형 준비해 보자 ⓐ 펜로즈

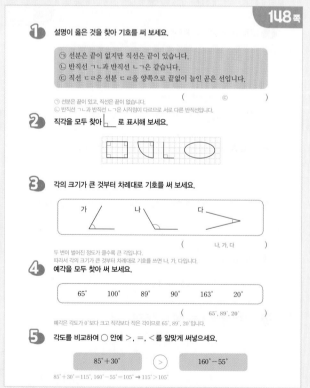

148쪽

1 설명이 옳은 것을 찾아 기호를 써 보세요.

㉠ 선분은 끝이 없지만 직선은 끝이 있습니다.
㉡ 반직선 ㄱㄴ과 반직선 ㄴㄱ은 같습니다.
㉢ 직선 ㄷㄹ은 선분 ㄷㄹ을 양쪽으로 끝없이 늘인 곧은 선입니다.

㉠ 선분은 끝이 있고, 직선은 끝이 없습니다.
㉡ 반직선 ㄱㄴ과 반직선 ㄴㄱ은 시작점이 다르므로 서로 다른 반직선입니다.

(㉢)

2 직각을 모두 찾아 └┘로 표시해 보세요.

3 각의 크기가 큰 것부터 차례대로 기호를 써 보세요.

가 나 다

(나, 가, 다)

두 변이 벌어진 정도가 클수록 큰 각입니다.
따라서 각의 크기가 큰 것부터 차례대로 기호를 쓰면 나, 가, 다입니다.

4 예각을 모두 찾아 써 보세요.

65° 100° 89° 90° 163° 20°

(65°, 89°, 20°)

예각은 각도가 0°보다 크고 직각보다 작은 각이므로 65°, 89°, 20°입니다.

5 각도를 비교하여 ○ 안에 >, =, <를 알맞게 써넣으세요.

85°+30° > 160°−55°

85°+30°=115°, 160°−55°=105° ➡ 115°>105°

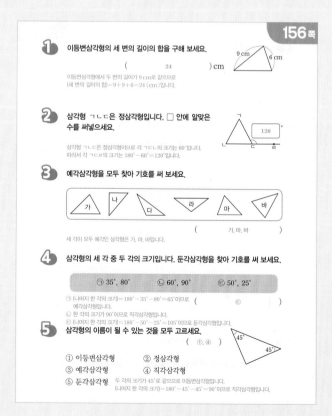

156쪽

1 이등변삼각형의 세 변의 길이의 합을 구해 보세요.

(24)cm

9 cm 6 cm

이등변삼각형에서 두 변의 길이가 9 cm로 같으므로
(세 변의 길이의 합)=9+9+6=24 (cm)입니다.

2 삼각형 ㄱㄴㄷ은 정삼각형입니다. □ 안에 알맞은 수를 써넣으세요.

120

삼각형 ㄱㄴㄷ은 정삼각형이므로 각 ㄱㄴㄷ의 크기는 60°입니다.
따라서 각 ㄱㄷㄹ의 크기는 180°−60°=120°입니다.

3 예각삼각형을 모두 찾아 기호를 써 보세요.

가 나 다 라 마 바

(가, 마, 바)

세 각이 모두 예각인 삼각형은 가, 마, 바입니다.

4 삼각형의 세 각 중 두 각의 크기입니다. 둔각삼각형을 찾아 기호를 써 보세요.

㉠ 35°, 80° ㉡ 60°, 90° ㉢ 50°, 25°

(㉢)

㉠ (나머지 한 각의 크기)=180°−35°−80°=65°이므로
   예각삼각형입니다.
㉡ 한 각의 크기가 90°이므로 직각삼각형입니다.
㉢ (나머지 한 각의 크기)=180°−50°−25°=105°이므로 둔각삼각형입니다.

5 삼각형의 이름이 될 수 있는 것을 모두 고르세요.

(①, ④)

45° 45°

① 이등변삼각형 ② 정삼각형
③ 예각삼각형 ④ 직각삼각형
⑤ 둔각삼각형

두 각의 크기가 45°로 같으므로 이등변삼각형입니다.
(나머지 한 각의 크기)=180°−45°−45°=90°이므로 직각삼각형입니다.

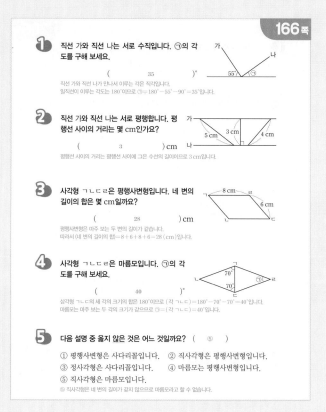

166쪽

1 직선 가와 직선 나는 서로 수직입니다. ㉠의 각도를 구해 보세요.

(35)°

직선 가와 직선 나가 만나서 이루는 각은 직각입니다.
일직선이 이루는 각도는 180°이므로 ㉠=180°-55°-90°=35°입니다.

2 직선 가와 직선 나는 서로 평행합니다. 평행선 사이의 거리는 몇 cm인가요?

5 cm 3 cm 4 cm

(3) cm

평행선 사이의 거리는 평행선 사이에 그은 수선의 길이이므로 3 cm입니다.

3 사각형 ㄱㄴㄷㄹ은 평행사변형입니다. 네 변의 길이의 합은 몇 cm일까요?

8 cm 6 cm

(28) cm

평행사변형은 마주 보는 두 변의 길이가 같습니다.
따라서 (네 변의 길이의 합)=8+6+8+6=28 (cm)입니다.

4 사각형 ㄱㄴㄷㄹ은 마름모입니다. ㉠의 각도를 구해 보세요.

70° 70°

(40)°

삼각형 ㄱㄴㄷ의 세 각의 크기의 합은 180°이므로 (각 ㄱㄴㄷ)=180°-70°-70°=40°입니다.
마름모는 마주 보는 두 각의 크기가 같으므로 ㉠=(각 ㄱㄴㄷ)=40°입니다.

5 다음 설명 중 옳지 않은 것은 어느 것일까요? (⑤)

① 평행사변형은 사다리꼴입니다. ② 직사각형은 평행사변형입니다.
③ 정사각형은 사다리꼴입니다. ④ 마름모는 평행사변형입니다.
⑤ 직사각형은 마름모입니다.

⑤ 직사각형은 네 변의 길이가 같지 않으므로 마름모라고 할 수 없습니다.

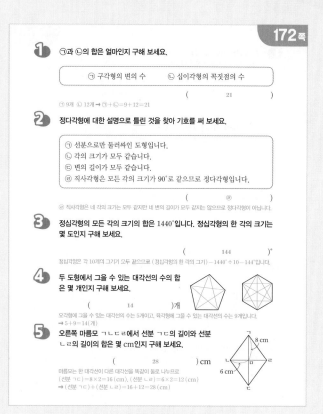

172쪽

1 ㉠과 ㉡의 합은 얼마인지 구해 보세요.

> ㉠ 구각형의 변의 수 ㉡ 십이각형의 꼭짓점의 수

(21)

㉠ 9개 ㉡ 12개→ ㉠+㉡=9+12=21

2 정다각형에 대한 설명으로 틀린 것을 찾아 기호를 써 보세요.

> ㉠ 선분으로만 둘러싸인 도형입니다.
> ㉡ 각의 크기가 모두 같습니다.
> ㉢ 변의 길이가 모두 같습니다.
> ㉣ 직사각형은 모든 각의 크기가 90°로 같으므로 정다각형입니다.

(㉣)

㉣ 직사각형은 네 각의 크기는 모두 같지만 네 변의 길이가 모두 같지는 않으므로 정다각형이 아닙니다.

3 정십각형의 모든 각의 크기의 합은 1440°입니다. 정십각형의 한 각의 크기는 몇 도인지 구해 보세요.

(144)°

정십각형은 각 10개의 크기가 모두 같으므로 (정십각형의 한 각의 크기)=1440°÷10=144°입니다.

4 두 도형에서 그을 수 있는 대각선의 수의 합은 몇 개인지 구해 보세요.

(14)개

오각형에 그을 수 있는 대각선의 수는 5개이고, 육각형에 그을 수 있는 대각선의 수는 9개입니다.
→5+9=14(개)

5 오른쪽 마름모 ㄱㄴㄷㄹ에서 선분 ㄱㄷ의 길이와 선분 ㄴㄹ의 길이의 합은 몇 cm인지 구해 보세요.

8 cm 6 cm

(28) cm

마름모는 한 대각선이 다른 대각선을 똑같이 둘로 나누므로
(선분 ㄱㄷ)=8×2=16 (cm), (선분 ㄴㄹ)=6×2=12 (cm)
→ (선분 ㄱㄷ)+(선분 ㄴㄹ)=16+12=28 (cm)

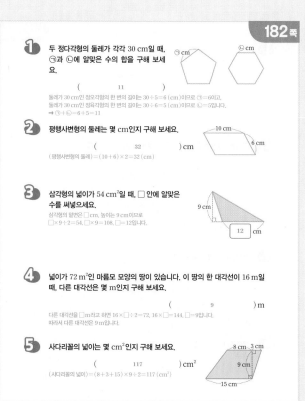

182쪽

1 두 정다각형의 둘레가 각각 30 cm일 때, ㉠과 ㉡에 알맞은 수의 합을 구해 보세요.

㉠ cm ㉡ cm

(11)

둘레가 30 cm인 정오각형의 한 변의 길이는 30÷5=6 (cm)이므로 ㉠=6이고,
둘레가 30 cm인 정육각형의 한 변의 길이는 30÷6=5 (cm)이므로 ㉡=5입니다.
→ ㉠+㉡=6+5=11

2 평행사변형의 둘레는 몇 cm인지 구해 보세요.

10 cm 6 cm

(32) cm

(평행사변형의 둘레)=(10+6)×2=32 (cm)

3 삼각형의 넓이가 54 cm²일 때, □ 안에 알맞은 수를 써넣으세요.

9 cm □ cm

삼각형의 밑변은 □cm, 높이는 9 cm이므로
□×9÷2=54, □×9=108, □=12입니다.

4 넓이가 72 m²인 마름모 모양의 땅이 있습니다. 이 땅의 한 대각선이 16 m일 때, 다른 대각선은 몇 m인지 구해 보세요.

(9) m

다른 대각선을 □m라고 하면 16×□÷2=72, 16×□=144, □=9입니다.
따라서 다른 대각선은 9 m입니다.

5 사다리꼴의 넓이는 몇 cm²인지 구해 보세요.

8 cm 3 cm 9 cm 15 cm

(117) cm²

(사다리꼴의 넓이)=(8+3+15)×9÷2=117 (cm²)

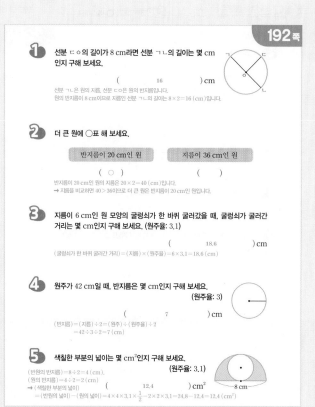

192쪽

1 선분 ㄷㅇ의 길이가 8 cm라면 선분 ㄱㄴ의 길이는 몇 cm인지 구해 보세요.

(16) cm

선분 ㄱㄴ은 원의 지름, 선분 ㄷㅇ은 원의 반지름입니다.
원의 반지름이 8 cm이므로 지름인 선분 ㄱㄴ의 길이는 8×2=16 (cm)입니다.

2 더 큰 원에 ○표 해 보세요.

반지름이 20 cm인 원 지름이 36 cm인 원

(○) ( )

반지름이 20 cm인 원의 지름은 20×2=40 (cm)입니다.
→ 지름을 비교하면 40>36이므로 더 큰 원은 반지름이 20 cm인 원입니다.

3 지름이 6 cm인 원 모양의 굴렁쇠가 한 바퀴 굴러갔을 때, 굴렁쇠가 굴러간 거리는 몇 cm인지 구해 보세요. (원주율: 3.1)

(18.6) cm

(굴렁쇠가 한 바퀴 굴러간 거리)=(지름)×(원주율)=6×3.1=18.6 (cm)

4 원주가 42 cm일 때, 반지름은 몇 cm인지 구해 보세요. (원주율: 3)

(7) cm

(반지름)=(지름)÷2=(원주)÷(원주율)÷2
=42÷3÷2=7 (cm)

5 색칠한 부분의 넓이는 몇 cm²인지 구해 보세요. (원주율: 3.1)

8 cm

(12.4) cm²

(반원의 반지름)=8÷2=4 (cm),
(원의 반지름)=4÷2=2 (cm)
→ (색칠한 부분의 넓이)
=(반원의 넓이)-(원의 넓이)=4×4×3.1×$\frac{1}{2}$-2×2×3.1=24.8-12.4=12.4 (cm²)

200쪽

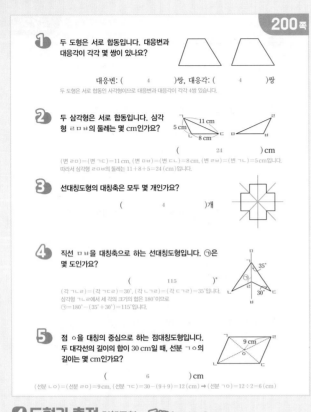

1 두 도형은 서로 합동입니다. 대응변과 대응각이 각각 몇 쌍이 있나요?

대응변: (4)쌍, 대응각: (4)쌍

두 도형은 서로 합동인 사각형이므로 대응변과 대응각이 각각 4쌍 있습니다.

2 두 삼각형은 서로 합동입니다. 삼각형 ㄹㅁㅂ의 둘레는 몇 cm인가요?

(24)cm

(변 ㄹㅁ)=(변 ㄱㄷ)=11 cm, (변 ㅁㅂ)=(변 ㄷㄴ)=8 cm, (변 ㄹㅂ)=(변 ㄱㄴ)=5 cm입니다.
따라서 삼각형 ㄹㅁㅂ의 둘레는 11+8+5=24 (cm)입니다.

3 선대칭도형의 대칭축은 모두 몇 개인가요?

(4)개

4 직선 ㅁㅂ을 대칭축으로 하는 선대칭도형입니다. ㉠은 몇 도인가요?

(115)°

(각 ㄱㄴㄹ)=(각 ㄱㄷㄹ)=30°, (각 ㄴㄱㄹ)=(각 ㄷㄱㄹ)=35°입니다.
삼각형 ㄱㄴㄹ에서 세 각의 크기의 합은 180°이므로
㉠=180°−(35°+30°)=115°입니다.

5 점 ㅇ을 대칭의 중심으로 하는 점대칭도형입니다. 두 대각선의 길이의 합이 30 cm일 때, 선분 ㄱㅇ의 길이는 몇 cm인가요?

(6)cm

(선분 ㄴㅇ)=(선분 ㄹㅇ)=9 cm, (선분 ㄱㄷ)=30−(9+9)=12 (cm) → (선분 ㄱㅇ)=12÷2=6 (cm)

208쪽

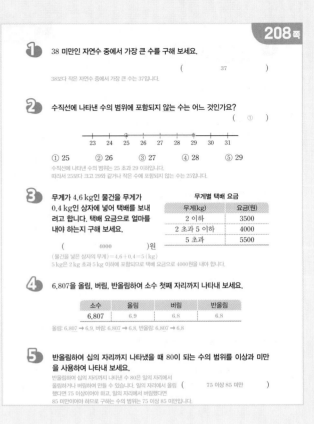

1 38 미만인 자연수 중에서 가장 큰 수를 구해 보세요.

(37)

38보다 작은 자연수 중에서 가장 큰 수는 37입니다.

2 수직선에 나타낸 수의 범위에 포함되지 않는 수는 어느 것인가요?

(①)

① 25 ② 26 ③ 27 ④ 28 ⑤ 29

수직선에 나타낸 수의 범위는 25 초과 29 이하입니다.
따라서 25보다 크고 29와 같거나 작은 수에 포함되지 않는 수는 25입니다.

3 무게가 4.6 kg인 물건을 무게가 0.4 kg인 상자에 넣어 택배를 보내려고 합니다. 택배 요금으로 얼마를 내야 하는지 구해 보세요.

(4000)원

무게별 택배 요금

무게(kg)	요금(원)
2 이하	3500
2 초과 5 이하	4000
5 초과	5500

(물건을 넣은 상자의 무게)=4.6+0.4=5 (kg)
5 kg은 2 kg 초과 5 kg 이하에 포함되므로 택배 요금으로 4000원을 내야 합니다.

4 6.807을 올림, 버림, 반올림하여 소수 첫째 자리까지 나타내 보세요.

소수	올림	버림	반올림
6.807	6.9	6.8	6.8

올림: 6.807 → 6.9, 버림: 6.807 → 6.8, 반올림: 6.807 → 6.8

5 반올림하여 십의 자리까지 나타냈을 때 80이 되는 수의 범위를 이상과 미만을 사용하여 나타내 보세요.

(75 이상 85 미만)

반올림하여 십의 자리까지 나타낸 수 80은 일의 자리에서
올림하거나 버림하여 만들 수 있습니다. 일의 자리에서 올림
했다면 75 이상이어야 하고, 일의 자리에서 버림했다면
85 미만이어야 하므로 구하는 수의 범위는 75 이상 85 미만입니다.

4 도형과 측정 입체도형 준비해 보자 🅔 에스허르

220쪽

1 그림을 보고 ㉠, ㉡, ㉢에 알맞은 수의 합을 구해 보세요.

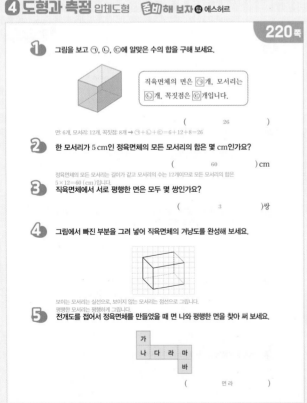

직육면체의 면은 ㉠개, 모서리는 ㉡개, 꼭짓점은 ㉢개입니다.

(26)

면: 6개, 모서리: 12개, 꼭짓점: 8개 → ㉠+㉡+㉢=6+12+8=26

2 한 모서리가 5 cm인 정육면체의 모든 모서리의 합은 몇 cm인가요?

(60)cm

정육면체의 모든 모서리는 길이가 같고 모서리의 수는 12개이므로 모든 모서리의 합은
5×12=60 (cm)입니다.

3 직육면체에서 서로 평행한 면은 모두 몇 쌍인가요?

(3)쌍

4 그림에서 빠진 부분을 그려 넣어 직육면체의 겨냥도를 완성해 보세요.

보이는 모서리는 실선으로, 보이지 않는 모서리는 점선으로 그립니다.
평행한 모서리는 평행하게 그립니다.

5 전개도를 접어서 정육면체를 만들었을 때 면 나와 평행한 면을 찾아 써 보세요.

가		
나	다	라	마
		바

(면 라)

228쪽

1 밑면의 모양이 다음과 같은 각기둥의 모서리의 수는 몇 개인가요?

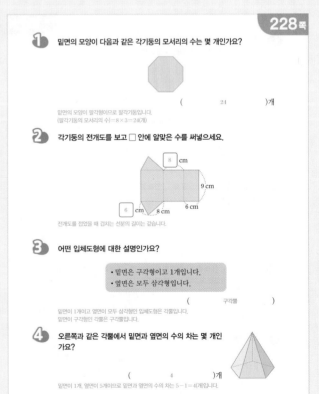

(24)개

밑면의 모양이 팔각형이므로 팔각기둥입니다.
(팔각기둥의 모서리의 수)=8×3=24(개)

2 각기둥의 전개도를 보고 □ 안에 알맞은 수를 써넣으세요.

8 cm
9 cm
6 cm 8 cm 6 cm

전개도를 접었을 때 겹치는 선분의 길이는 같습니다.

3 어떤 입체도형에 대한 설명인가요?

• 밑면은 구각형이고 1개입니다.
• 옆면은 모두 삼각형입니다.

(구각뿔)

밑면이 1개이고 옆면이 모두 삼각형인 입체도형은 각뿔입니다.
밑면이 구각형인 각뿔은 구각뿔입니다.

4 오른쪽과 같은 각뿔에서 밑면과 옆면의 수의 차는 몇 개인가요?

(4)개

밑면이 1개, 옆면이 5개이므로 밑면과 옆면의 수의 차는 5−1=4(개)입니다.

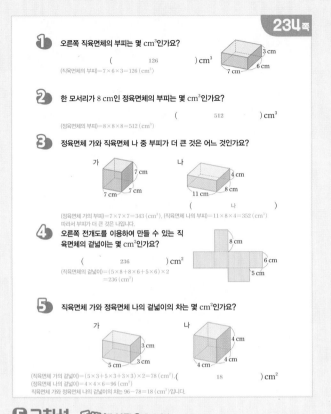

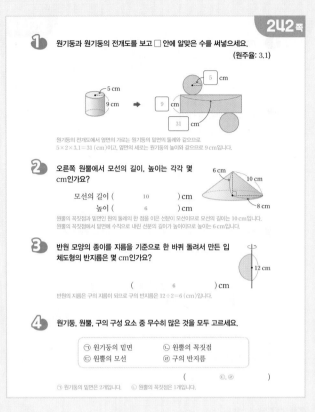

234쪽

1 오른쪽 직육면체의 부피는 몇 cm³인가요?

(126) cm³

(직육면체의 부피)=7×6×3=126 (cm³)

2 한 모서리가 8 cm인 정육면체의 부피는 몇 cm³인가요?

(512) cm³

(정육면체의 부피)=8×8×8=512 (cm³)

3 정육면체 가와 직육면체 나 중 부피가 더 큰 것은 어느 것인가요?

(나)

(정육면체 가의 부피)=7×7×7=343 (cm³), (직육면체 나의 부피)=11×8×4=352 (cm³)
따라서 부피가 더 큰 것은 나입니다.

4 오른쪽 전개도를 이용하여 만들 수 있는 직육면체의 겉넓이는 몇 cm²인가요?

(236) cm²

(직육면체의 겉넓이)=(5×8+8×6+5×6)×2
=236 (cm²)

5 직육면체 가와 정육면체 나의 겉넓이의 차는 몇 cm²인가요?

(18) cm²

(직육면체 가의 겉넓이)=(5×3+5×3+3×3)×2=78 (cm²), (정육면체 나의 겉넓이)=4×4×6=96 (cm²)
직육면체 가와 정육면체 나의 겉넓이의 차는 96−78=18입니다.

242쪽

1 원기둥과 원기둥의 전개도를 보고 □ 안에 알맞은 수를 써넣으세요.

(원주율: 3.1)

[5] cm   [9] cm   [31] cm

원기둥의 전개도에서 옆면의 가로는 원기둥의 밑면의 둘레와 같으므로
5×2×3.1=31 (cm)이고, 옆면의 세로는 원기둥의 높이와 같으므로 9 cm입니다.

2 오른쪽 원뿔에서 모선의 길이, 높이는 각각 몇 cm인가요?

모선의 길이 (10) cm
높이 (6) cm

원뿔의 꼭짓점과 밑면인 원의 둘레의 한 점을 이은 선분이 모선이므로 모선의 길이는 10 cm입니다.
원뿔의 꼭짓점에서 밑면에 수직으로 내린 선분의 길이가 높이이므로 높이는 6 cm입니다.

3 반원 모양의 종이를 지름을 기준으로 한 바퀴 돌려서 만든 입체도형의 반지름은 몇 cm인가요?

(6) cm

반원의 지름은 구의 지름이 되므로 구의 반지름은 12÷2=6 (cm)입니다.

4 원기둥, 원뿔, 구의 구성 요소 중 무수히 많은 것을 모두 고르세요.

㉠ 원기둥의 밑면	㉡ 원뿔의 꼭짓점
㉢ 원뿔의 모선	㉣ 구의 반지름

(㉢, ㉣)

㉠ 원기둥의 밑면은 2개입니다.   ㉡ 원뿔의 꼭짓점은 1개입니다.

5 규칙성 준비해 보자 답 우공이산

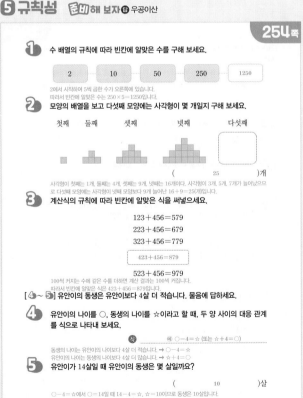

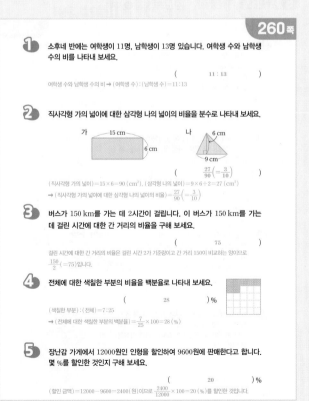

254쪽

1 수 배열의 규칙에 따라 빈칸에 알맞은 수를 구해 보세요.

2 — 10 — 50 — 250 — [1250]

2에서 시작하여 5씩 곱한 수가 오른쪽에 있습니다.
따라서 빈칸에 알맞은 수는 250×5=1250입니다.

2 모양의 배열을 보고 다섯째 모양에는 사각형이 몇 개일지 구해 보세요.

첫째 둘째 셋째 넷째 다섯째

(25)개

사각형이 첫째는 1개, 둘째는 4개, 셋째는 9개, 넷째는 16개이다. 사각형이 3개, 5개, 7개가 늘어났으므로 다섯째 모양에는 사각형이 넷째 모양보다 9개 늘어난 16+9=25(개)입니다.

3 계산식의 규칙에 따라 빈칸에 알맞은 식을 써넣으세요.

123+456=579
223+456=679
323+456=779
[423+456=879]
523+456=979

100씩 커지는 수에 같은 수를 더하면 계산 결과는 100씩 커집니다.
따라서 빈칸에 알맞은 식은 423+456=879입니다.

[**4**~**5**] 유안이의 동생은 유안이보다 4살 더 적습니다. 물음에 답하세요.

4 유안이의 나이를 ○, 동생의 나이를 ☆이라고 할 때, 두 양 사이의 대응 관계를 식으로 나타내 보세요.

답 예 ○−4=☆ (또는 ☆+4=○)

동생의 나이는 유안이의 나이보다 4살 더 적습니다. → ○−4=☆
유안이의 나이는 동생의 나이보다 4살 더 많습니다. → ☆+4=○

5 유안이가 14살일 때 유안이의 동생은 몇 살일까요?

(10)살

○−4=☆에서 ○가 14일 때 14−4=☆, ☆=100이므로 동생은 10살입니다.

260쪽

1 소후네 반에는 여학생이 11명, 남학생이 13명 있습니다. 여학생 수와 남학생 수의 비를 나타내 보세요.

(11 : 13)

여학생 수와 남학생 수의 비 → (여학생 수) : (남학생 수)=11 : 13

2 직사각형 가의 넓이에 대한 삼각형 나의 넓이의 비율을 분수로 나타내 보세요.

($\frac{27}{90}\left(=\frac{3}{10}\right)$)

(직사각형 가의 넓이)=15×6=90 (cm²), (삼각형 나의 넓이)=9×6÷2=27 (cm²)
→ (직사각형 가의 넓이에 대한 삼각형 나의 넓이의 비율)=$\frac{27}{90}\left(=\frac{3}{10}\right)$

3 버스가 150 km를 가는 데 2시간이 걸립니다. 이 버스가 150 km를 가는 데 걸린 시간에 대한 간 거리의 비율을 구해 보세요.

(75)

걸린 시간에 대한 간 거리의 비율은 걸린 시간 2가 기준량이고 간 거리 150이 비교하는 양이므로
$\frac{150}{2}$(=75)입니다.

4 전체에 대한 색칠한 부분의 비율을 백분율로 나타내 보세요.

(28) %

(색칠한 부분) : (전체)=7:25
→ (전체에 대한 색칠한 부분의 백분율)=$\frac{7}{25}×100=28$ (%)

5 장난감 가게에서 12000원인 인형을 할인하여 9600원에 판매한다고 합니다. 몇 %를 할인한 것인지 구해 보세요.

(20) %

(할인 금액)=12000−9600=2400 (원)이므로 $\frac{2400}{12000}×100=20$ (%)를 할인한 것입니다.

268쪽

1 다음 중 12 : 18과 비율이 같은 비를 모두 찾아 기호를 써 보세요.

> ㉠ 1 : 3   ㉡ 4 : 6   ㉢ 6 : 8   ㉣ 24 : 36

(㉡, ㉣)

㉡ 12 : 18은 전항과 후항을 3으로 나눈 4 : 6과 비율이 같습니다.
㉣ 12 : 18은 전항과 후항에 2를 곱한 24 : 36과 비율이 같습니다.

2 관계있는 것끼리 이어 보세요.

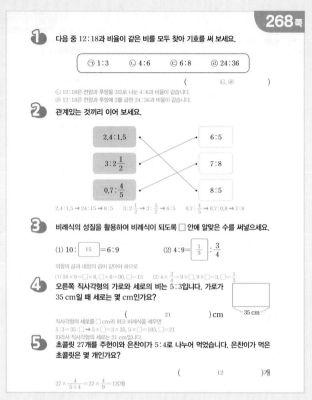

$2.4 : 1.5 \rightarrow 24 : 15 \rightarrow 8 : 5$ $3 : 2\frac{1}{2} \rightarrow 3 : \frac{5}{2} \rightarrow 6 : 5$ $0.7 : \frac{4}{5} \rightarrow 0.7 : 0.8 \rightarrow 7 : 8$

3 비례식의 성질을 활용하여 비례식이 되도록 □ 안에 알맞은 수를 써넣으세요.

(1) $10 : \boxed{15} = 6 : 9$ (2) $4 : 9 = \boxed{\frac{1}{3}} : \frac{3}{4}$

외항의 곱과 내항의 곱이 같아야 하므로

(1) $10 \times 9 = \square \times 6$, $\square \times 6 = 90$, $\square = 15$ (2) $4 \times \frac{3}{4} = 9 \times \square$, $9 \times \square = 3$, $\square = \frac{1}{3}$

4 오른쪽 직사각형의 가로와 세로의 비는 5 : 3입니다. 가로가 35 cm일 때 세로는 몇 cm인가요?

(21) cm

직사각형의 세로를 □ cm라 하고 비례식을 세우면
$5 : 3 = 35 : \square \rightarrow 5 \times \square = 3 \times 35$, $5 \times \square = 105$, $\square = 21$
따라서 직사각형의 세로는 21 cm입니다.

5 초콜릿 27개를 주헌이와 은찬이가 5 : 4로 나누어 먹었습니다. 은찬이가 먹은 초콜릿은 몇 개인가요?

(12)개

$27 \times \frac{4}{5+4} = 27 \times \frac{4}{9} = 12$(개)

6 자료와 가능성 준비해 보자 🍎 사과

280쪽

1 세아네 반 학생들이 기르고 싶은 반려동물을 조사하여 나타낸 막대그래프입니다. 강아지를 기르고 싶은 학생은 새를 기르고 싶은 학생보다 몇 명 더 많을까요?

(6)명

강아지를 기르고 싶은 학생은 10명, 새를 기르고 싶은 학생은 4명이므로 10−4=6(명) 더 많습니다.

2 강낭콩의 키를 매월 1일에 조사하여 나타낸 꺾은선그래프입니다. 키가 가장 많이 자란 때는 몇 월과 몇 월 사이인가요?

필요 없는 부분을 ≈(물결선)을 사용할 수도 있어요.

(5월과 6월 사이)

선이 가장 많이 기울어진 곳이 키가 가장 많이 자란 때입니다.

3 서준이네 텃밭에서 기르는 농작물별 생산량을 조사하여 나타낸 띠그래프입니다. 토마토 생산량은 오이 생산량의 몇 배일까요?

(3)배

토마토의 비율은 45 %, 오이의 비율은 15 %이므로 45÷15=3(배)입니다.

4 승주네 학교 학생들이 가고 싶은 나라를 조사하여 나타낸 원그래프입니다. 스페인에 가고 싶은 학생이 60명이라면 조사한 전체 학생은 몇 명인가요?

(240)명

조사한 전체 학생(100%)은 스페인에 가고 싶은 학생(25%)의 4배이므로 60×4=240(명)입니다.

286쪽

[**1** ~ **2**] 윤하네 모둠과 승찬이네 모둠의 턱걸이 기록을 나타낸 표입니다. 물음에 답하세요.

윤하네 모둠의 턱걸이 기록

이름	윤하	민지	승민	지호	도경
기록(개)	5	4	9	3	4

승찬이네 모둠의 턱걸이 기록

이름	승찬	유라	서현	성준
기록(개)	6	8	5	5

1 윤하네 모둠과 승찬이네 모둠의 턱걸이 기록의 평균은 각각 몇 개인가요?

윤하네 모둠 (5)개, 승찬이네 모둠 (6)개

(윤하네 모둠의 턱걸이 기록의 평균)=(5+4+9+3+4)÷5=25÷5=5(개)
(승찬이네 모둠의 턱걸이 기록의 평균)=(6+8+5+5)÷4=24÷4=6(개)

2 어느 모둠이 턱걸이를 더 잘했다고 볼 수 있나요?

(승찬이네 모둠)

턱걸이 기록의 평균을 비교하면 5<6이므로 승찬이네 모둠이 더 잘했다고 볼 수 있습니다.

3 민호가 5일 동안 소설책을 읽은 쪽수를 나타낸 표입니다. 민호가 읽은 쪽수의 평균이 100쪽일 때, 화요일에 읽은 쪽수는 몇 쪽인가요?

민호가 읽은 쪽수

요일	월	화	수	목	금
읽은 쪽수(쪽)	107		94	113	88

(98)쪽

(5일 동안 읽은 쪽수의 합계)=100×5=500(쪽)
→ (화요일에 읽은 쪽수)=500−(107+94+113+88)=98(쪽)

4 일이 일어날 가능성을 알맞게 이어 보세요.

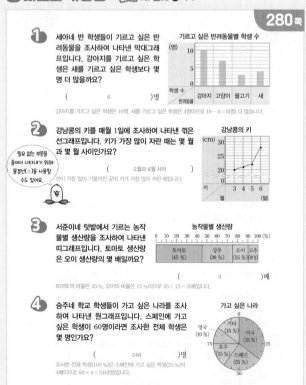

탁구공 10개만 들어 있는 주머니에서 꺼낸 공은 농구공일 것입니다. — 불가능하다

봄 다음에 여름이 올 것입니다. — 확실하다

주사위를 굴리면 주사위의 눈의 수가 짝수가 나올 것입니다. — 반반이다

중등
도서안내

비주얼 개념서

룩

이미지 연상으로 필수 개념을 쉽게 익히는 비주얼 개념서

국어	문학, 독서, 문법
영어	품사, 문법, 구문
수학	1(상), 1(하), 2(상), 2(하), 3(상), 3(하)
사회	①, ②
역사	①, ②
과학	1, 2, 3

필수 개념서

올리드

자세하고 쉬운 개념,
시험을 대비하는 특별한 비법이 한가득!

국어	1-1, 1-2, 2-1, 2-2, 3-1, 3-2
영어	1-1, 1-2, 2-1, 2-2, 3-1, 3-2
수학	1(상), 1(하), 2(상), 2(하), 3(상), 3(하)
사회	①-1, ①-2, ②-1, ②-2
역사	①-1, ①-2, ②-1, ②-2
과학	1-1, 1-2, 2-1, 2-2, 3-1, 3-2

* 국어, 영어는 미래엔 교과서 관련 도서입니다.

국어 독해·어휘 훈련서

깨독
깨우자 독해력

수능 국어 독해의 자신감을 깨우는 단계별 훈련서

독해	0_준비편, 1_기본편, 2_실력편, 3_수능편
어휘	1_종합편, 2_수능편

영문법 기본서

GRAMMAR BITE

중학교 핵심 필수 문법 공략, 내신·서술형·수능까지 한 번에!

문법	PREP
	Grade 1, Grade 2, Grade 3
	SUM

영어 독해 기본서

READING BITE

끊어 읽으며 직독직해하는 중학 독해의 자신감!

독해	PREP
	Grade 1, Grade 2, Grade 3
	PLUS 수능

영어 어휘 필독서

word BITE

중학교 전 학년 영어 교과서 분석, 빈출 핵심 어휘 단계별 집중!

어휘	핵심동사 561
	중등필수 1500
	중등심화 1200

수학 EASY 개념서

개념수다

개념이 수학의 전부다! 술술 읽으며 개념 잡는 EASY 개념서

수학   0_초등 핵심 개념,
      1_1(상), 2_1(하),
      3_2(상), 4_2(하),
      5_3(상), 6_3(하)

수학 필수 유형서

 유형완성

체계적인 유형별 학습으로 실전에서 더욱 강력하게!

수학   1(상), 1(하), 2(상), 2(하), 3(상), 3(하)

미래엔 교과서 연계 도서

자습서

 자습서

핵심 정리와 적중 문제로 완벽한 자율학습!

국어	1-1, 1-2, 2-1, 2-2, 3-1, 3-2	도덕	①, ②
영어	1, 2, 3	과학	1, 2, 3
수학	1, 2, 3	기술·가정	①, ②
사회	①, ②	제2외국어	생활 일본어, 생활 중국어, 한문
역사	①, ②		

평가 문제집

 평가 문제집

정확한 학습 포인트와 족집게 예상 문제로 완벽한 시험 대비!

국어   1-1, 1-2, 2-1, 2-2, 3-1, 3-2
영어   1-1, 1-2, 2-1, 2-2, 3-1, 3-2
사회   ①, ②
역사   ①, ②
도덕   ①, ②
과학   1, 2, 3

내신 대비 문제집

 시험직보
문제집

내신 만점을 위한 시험 직전에 보는 문제집

국어   1-1, 1-2, 2-1, 2-2, 3-1, 3-2
영어   1-1, 1-2, 2-1, 2-2, 3-1, 3-2

* 미래엔 교과서 관련 도서입니다.

예비 고1을 위한 고등 도서

룩

이미지 연상으로 필수 개념을 쉽게 익히는 비주얼 개념서

국어   문학, 독서, 문법
영어   비교문법, 분석독해
수학   고등 수학(상), 고등 수학(하)
사회   통합사회, 한국사
과학   통합과학

 올리드

탄탄한 개념 설명, 자신있는 실전 문제

수학   고등 수학(상), 고등 수학(하), 수학Ⅰ, 수학Ⅱ, 확률과 통계, 미적분
사회   통합사회, 한국사
과학   통합과학

수학중심

개념과 유형을 한 번에 잡는 개념 기본서

수학   고등 수학(상), 고등 수학(하), 수학Ⅰ, 수학Ⅱ, 확률과 통계, 미적분, 기하

유형중심

체계적인 유형별 학습으로 실전에서 더욱 강력한 문제 기본서

수학   고등 수학(상), 고등 수학(하), 수학Ⅰ, 수학Ⅱ, 확률과 통계, 미적분

BITE

GRAMMAR   문법의 기본 개념과 문장 구성 원리를 학습하는 고등
          문법 기본서

          핵심문법편, 필수구문편

READING   정확하고 빠른 문장 해석 능력과 읽는 즐거움을 키워
          주는 고등 독해 기본서

          도약편, 발전편

word   동사로 어휘 실력을 다지고 적중 빈출 어휘로 수능을
          저격하는 고등 어휘력 향상 프로젝트

          핵심동사 830, 수능적중 2000

손쉬운

작품 이해에서 문제 해결까지 손쉬운 비법을 담은 문학 입문서

현대 문학, 고전 문학

고등학교 수학 공부,
탁월한 **학습 단계**를
따르고 싶다면?

STEP 1   개념 기본서
수학중심 시리즈

고등 수학(상),
고등 수학(하),
수학 I, 수학 II,
확률과 통계,
미적분, 기하

STEP 2   유형 기본서
유형중심 시리즈

고등 수학(상),
고등 수학(하),
수학 I, 수학 II,
확률과 통계,
미적분

개념수다 0

초등 핵심 개념

1 개념수다 클럽 입성 축하!

개념이 수학의 전부라는 건 알고 있지? 개념은 암기가 아닌 이해가 먼저야. 친구와 수다 떨듯 쉬운 설명으로 개념을 익히는 재미를 느껴 보자.

2 문제 해결, 자신감 장착!

개념을 잘 이해했는지 확신이 없다고? 이제는 그런 거 없음. 문제까지 다 풀었다면 실력을 제대로 쌓은 거야! 문제 풀고 실력을 알차게 점검해 보자.

3 초등 개념 한눈에 정리!

어떤 개념을 공부했더라? 수와 연산 / 도형과 측정 / 규칙성 / 자료와 가능성, 영역별로 개념을 정리하며 한눈에 확인해 보자.

Mirae N 에듀

신뢰받는 미래엔

미래엔은 "Better Content, Better Life" 미션 실행을 위해 탄탄한 콘텐츠의 교과서와 참고서를 발간합니다.

소통하는 미래엔

미래엔의 [도서 오류] [정답 및 해설] [도서 내용 문의] 등은 홈페이지를 통해서 확인이 가능합니다.

Contact Mirae-N

www.mirae-n.com

(우)06532 서울시 서초구 신반포로 321

1800-8890

53410

9 791168 413054

ISBN 979-11-6841-305-4

정가 15,000원